KB237065

3 데이즈 *in* 후쿠오카

RHK 여행연구소 지음

3 DAYS *in* Fukuoka

목차 *Contents*

DAY 1

먹고, 보고, 쇼핑하고
후쿠오카의 매력에 눈뜨다

DAY 2

일본 속으로 녹아드는
골목길 산책

프롤로그

하늘 그리고 바다와 맞닿은 도시, 후쿠오카.
비행기를 타고 채 잠이 들기도 전에 도착하는 후쿠오카. 시시할 정도로 짧은 이동 거리 때문에 우리나라와 별반 다를 것이 있을까 하는 불안감이 생길지도 모릅니다. 하지만 온화한 기후만큼이나 평온한 기운이 흐르는 도시 후쿠오카에 도착하면 전통과 현대가 어우러진 다채로운 풍경에 이내 온몸의 여행 세포가 춤추듯 되살아납니다.

후쿠오카는 규슈에서 가장 큰 도시이자 여행의 중심지입니다. 미식, 쇼핑 여행 일번지 덴진과 다이묘를 중심으로, 계속해서 새로운 명소가 생겨나는 이마이즈미와 야쿠인까지 후쿠오카의 도시 여행은 알면 알수록 새로운 매력이 넘쳐납니다. 한 걸음 더 나아가 근교로 눈을

돌리면 낭만 여행을 즐길 수 있는 기타큐슈, 물의 고장 야나가와, 여성들이 선호하는 온천 마을 유후인 등 3일 일정을 모두 쏟아 부어도 모자랄 만큼 멋진 여행지를 만날 수 있습니다. 하지만 그 많은 여행지를 다 둘러볼 수는 없겠죠. 그래서 여행지별로 꼭 들러야 하는 전통 명소, 우리나라 여행자들의 입맛에 맞는 핫한 맛집, 최신 트렌드를 알 수 있는 쇼핑 스폿 등 알찬 정보들로만 구성한 3일 일정을 《3데이즈 in 후쿠오카》 한 권에 녹여냈습니다.

하루만 휴가를 내면 금, 토, 일 3일 동안 기억에 남을 후쿠오카 여행을 즐길 수 있습니다. 알면 알수록 매력이 넘치는 도시 후쿠오카로 멋진 감성 여행을 떠나보세요.

RHK 여행연구소

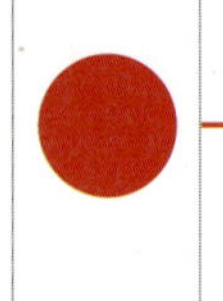

일본은 어떤 나라일까 ?

일본어로 니혼(にほん) 혹은 닛폰(にっぽん)이라 부르는 일본은 '해의 중심이 되는 나라'라는 뜻을 담고 있다. 면적은 37만 7835㎢로 한국의 4배이며 인구는 약 1억 2500만 명이다. 국내총생산액은 약 6조로 세계 3위를 차지하고 있다.

현재의 일본인이 어떻게 형성되었는가에 대해서는 명확하지 않지만 토착민이던 야마토(大和) 민족을 중심으로 일본 열도 각지에 산재해 있던 여러 인적 집단을 차례차례 복속하고 동화해 온 것으로 추측된다.

일본은 입헌군주제 국가로 자신의 생일을 말하거나 날짜를 기입할 때 서기가 아닌 원호를 기준으로 하는 사람이 많다. 1989년 1월 7일 쇼와(昭和) 일왕이 사망한 후 1월 8일부터 현재까지 새로운 원호인 헤이세이(平成)를 사용하고 있다. 현재 년도에서 1988을 빼면 헤이세이 연수를 알 수 있다(2017년 현재 헤이세이 29년).

일본에서 가장 넓고 깊게 자리 잡고 있는 종교는 토착신앙인 신도와 외래 종교인 불교이다. 하지만 일본 사람들은 생활관습으로서 신도와 불교를 받아들일 뿐 종교로 받아들이는 사람은 많지 않다.

후쿠오카는 이런 도시

우리나라에서 가장 가까운 규슈의 관문 . 미식과 쇼핑의 도시 후쿠오카

매력적인 지방도시 1위
(2013년 매거진하우스 BRUTUS)

세계에서 가장 살기 좋은 도시 12위
(2015년 Monocle)

명란젓 생산량 세계 1위
(2014년 16,500톤 타운페이지)

포장마차 수 1위
(2014년 160개 타운페이지)

이 책의 정보는 2015년 10월까지 조사한 자료를 바탕으로 합니다.

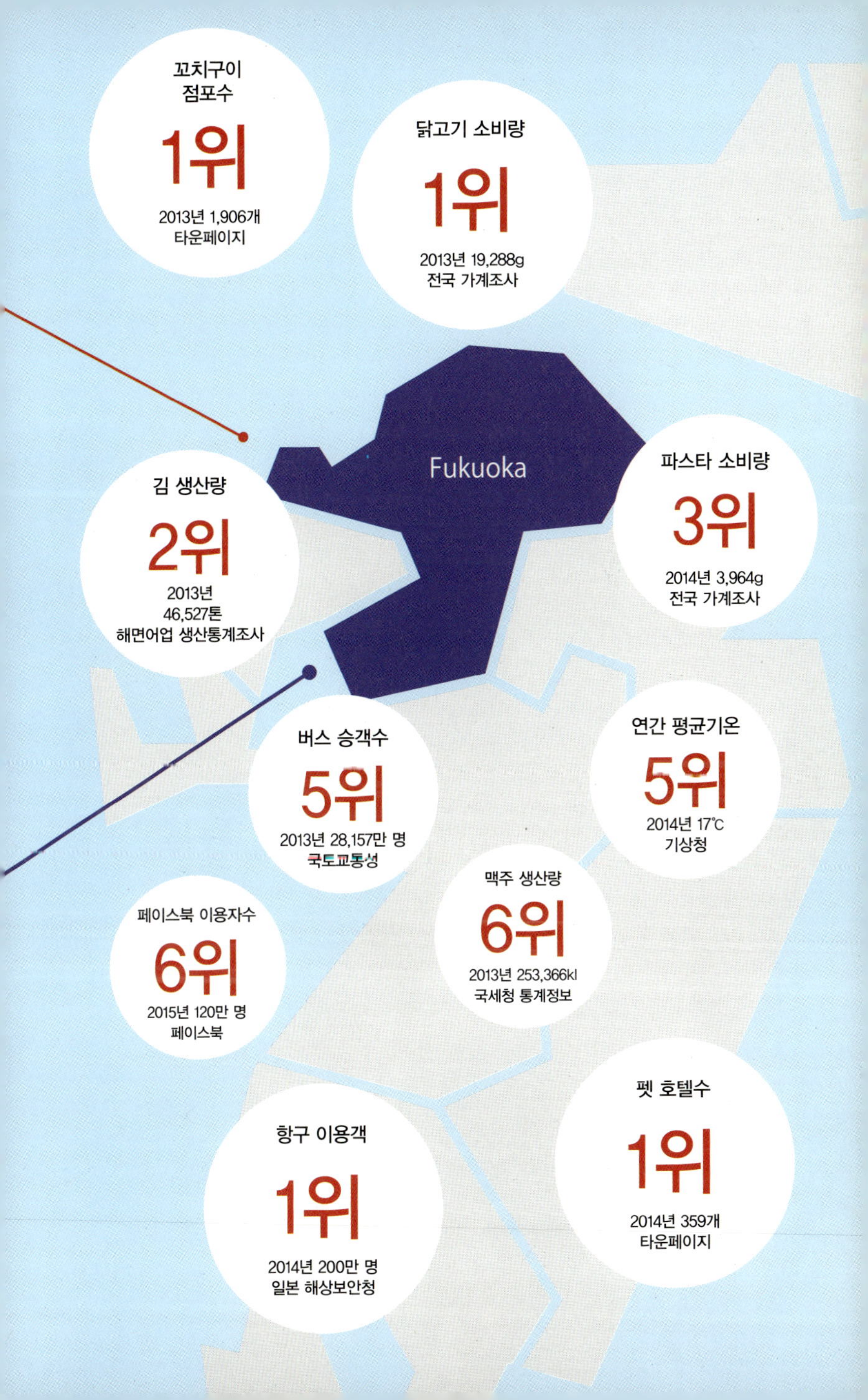

꼬치구이 점포수
1위
2013년 1,906개
타운페이지

닭고기 소비량
1위
2013년 19,288g
전국 가계조사

Fukuoka

파스타 소비량
3위
2014년 3,964g
전국 가계조사

김 생산량
2위
2013년
46,527톤
해면어업 생산통계조사

버스 승객수
5위
2013년 28,157만 명
국토교통성

연간 평균기온
5위
2014년 17℃
기상청

페이스북 이용자수
6위
2015년 120만 명
페이스북

맥주 생산량
6위
2013년 253,366kl
국세청 통계정보

항구 이용객
1위
2014년 200만 명
일본 해상보안청

펫 호텔수
1위
2014년 359개
타운페이지

꼭 필요한 여행 정보

후쿠오카 언제 가면 좋을까?

후쿠오카는 사계절 내내 멋진 이벤트와 축제로 가득한 신나는 도시다. 봄, 여름, 가을, 겨울 저마다 특색 있는 축제가 기다리고 있으니 언제 방문하든 즐거운 여행을 만끽할 수 있다. 후쿠오카의 봄철 볼거리는 벚꽃과 '하카타 돈타쿠 미나토 축제'이다. 벚꽃은 3월 말에서 4월 초에 걸쳐 만개하는데, 마이즈루코엔이나 니시코엔이 벚꽃 명소로 유명하다. 여름에는 세계적으로 유명한 축제인 '하카타 기온야마가사'가 열린다. 7월 1일부터 15일 동안 개최하는데, 거리 곳곳에 높이 10m가 넘는 화려한 야마가사 장식물을 설치하여 멋진 풍경을 연출한다. 가을과 겨울에도 일본의 전통 문화와 정서를 체험할 수 있는 다양한 이벤트가 열리니 여행 계획을 세울 때 일정을 맞춰보는 것도 좋은 방법이다. 축제 기간에 여행지를 방문하면 평소에 볼 수 없는 다양한 볼거리가 있어 여행의 즐거움은 배가 된다.

봄(3월~5월)

1년 중 활동하기에 가장 편한 계절로서 날씨가 따뜻하여 외출하기에도 좋다. 얇은 상의와 가디건 등 벗기 편한 옷을 준비하면 기후 변화에 대처할 수 있다.

여름(6월~8월)

자외선으로부터 피부를 보호하기 위한 선크림과 모자 등 자외선 대책을 꼼꼼히 세우자. 백화점과 음식점 등은 냉방 시설이 잘 되어 있으므로 얇은 긴팔 상의 가 한 벌 정도 있으면 좋다.

가을(9월~11월)

여행하기에 가장 좋은 계절. 9월은 여전히 더운 날씨가 계속되므로 반팔이 적당하지만, 10월 이후부터는 일교차가 심하므로 재킷 등을 준비하자.

겨울(12월~2월)

우리나라의 초겨울 날씨와 비슷한 편이다. 한겨울에도 기온이 영하로 떨어지는 일은 별로 없지만, 장갑과 목도리, 바람이 통하지 않는 점퍼 등 기본적인 방한 아이템은 필요하다.

공항에서 후쿠오카 시내로

후쿠오카공항은 국제선 터미널과 국내선 터미널로 나뉘어져 있는데, 한국에서 출발할 경우 국제선 터미널에 도착하게 된다. 국제선 터미널에 도착하면 일단 1층의 버스 승강장에서 곧바로 하카타나 덴진으로 가는 버스로 이동할지, 무료 셔틀버스를 타고 국내선 터미널로 이동한 후 지하철을 탈지 결정해야 한다. 하카타역까지 가는 요금 기준으로 버스, 지하철 모두 260엔으로 동일하므로 숙소 위치 또는 당일의 일정에 따라 정하면 된다. 단, 아침 일찍 후쿠오카에 도착해서 곧바로 시내 여행에 나설 계획이라면 처음부터 1일 교통패스를 구입하는 것이 좋다. 기존에 여행자들이 애용했던 그린패스와 후쿠오카 도심 1일 자유승차권은 판매 종료되었기 때문에, 후쿠오카 투어리스트 시티패스(820엔)나 뉴 그린패스라 불리는 후쿠오카 시내 1일 프리승차권(900엔)을 이용하면 된다. 두 패스 모두 공항 버스안내소에서 구입할 수 있다.

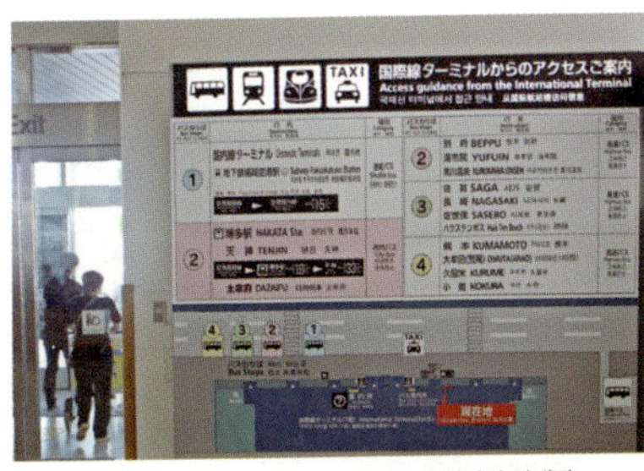

시내 또는 주변 도시로 가는 방법이 자세하게 설명된 안내판

국제선 터미널과 국내선 터미널을 연결하는 셔틀버스

지하철로 가기

국제선 터미널 1층에서 출발하는 무료 셔틀버스를 이용해 국내선 터미널에 도착한 후 조금만 걸어가면 지하철 후쿠오카공항역 입구가 보인다. 후쿠오카공항에서 JR 하카타역까지는 2정거장 거리로 약 5분이 소요되고 요금은 260엔이다. 한편 후쿠오카 최대의 번화가인 덴진까지는 5정거장 거리로 약 12분이 소요되고 요금은 260엔으로 동일하다.

버스로 가기

국제선 터미널 출구로 나오면 1번부터 4번까지 차례대로 정류장이 있는데, 하카타 또는 덴진으로 가는 버스는 2번 정류장에서 타면 된다. 버스는 평일 기준으로 30분에 한 대씩 있는데, 기다리는 것이 지루하다면 셔틀버스를 타고 국내선 터미널로 이동해서 자주 있는 노선버스를 이용하면 된다. 하카타까지는 15분 정도 소요되고 요금은 260엔이다.

버스와 지하철 이용하기

후쿠오카는 규슈를 대표하는 대도시답게 시내의 주요 지역을 연결하는 대중교통이 잘 발달되어 있다. 기본적으로 지하철이 가장 빠르고 편리하긴 하지만 노선이 세 개밖에 없어서 갈 수 없는 지역이 제법 있고, 요금이 비싸다는 단점이 있다. 그래서 후쿠오카 여행을 할 때는 전 구역을 촘촘하게 연결하는 노선버스를 선호하는 경향이 있다. 다만, 시내 중심가는 정체되는 경우가 많기 때문에 시간을 우선시한다면 지하철을 이용하는 것이 좋다.

시내버스

니시테츠(西鉄)에서 운영하는 후쿠오카의 시내버스는 시내 구석구석을 거미줄처럼 연결하고 있는 가장 대중적인 교통수단이다. 하지만 노선이 복잡한 데다 하카타역이나 덴진 같은 교통의 요지에는 버스정류장이 너무 많아서 초행자들은 버스 이용에 어려움을 겪을 수 있다. 그래서 여행자들을 위해, 하카타역~캐널시티 하카타~덴진~하카타 리버레인을 연결하는 구간에는 100엔 버스가 운행되고 있다. 100엔 버스라고 해서 일반 버스와 특별히 다른 것은 아니고, 100엔 구간을 달리는 시내버스에 100엔짜리 동전 모양을 그려둔 것이다. 대부분의 명소가 100엔 버스 구간에 속해 있으므로, 하카타역에서 캐널시티 하카타나 덴진을 오갈 때는 100엔 버스를 적극적으로 활용하는 것이 경제적이다.

버스 이용 가이드

1 버스가 오면 먼저 번호와 행선지를 확인한다.

2 뒷문으로 승차하면서 정리권을 뽑아야 한다. 교통패스를 가지고 있어도 마찬가지.

3 버스 앞 유리창 상단 모니터에 다음에 정차하는 정류장과 요금이 표시되어 있으므로 잘 확인한다.

4 정리권 숫자에 해당하는 요금을 미리 챙겨서 정리권과 함께 운전기사 옆에 있는 요금함에 넣고 앞문으로 하차한다. 동전이 없는 경우에는 요금함에 붙어 있는 교환기에서 바꾸면 된다.

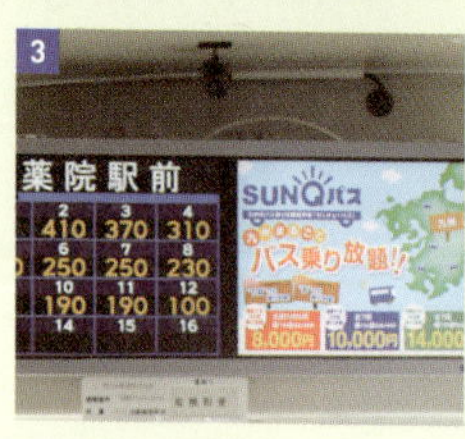

지하철

후쿠오카시 교통국에서 운영하는 후쿠오카 지하
철은 쿠코센(空港線), 하코자키센(箱崎線), 나나
쿠마센(七隈線)의 3개 노선으로 이루어져 있다.
그중에서 후쿠오카공항에서 JR 하카타역, 덴진을
거쳐 메이노하마를 연결하는 쿠코센 주변에 대부
분의 명소들이 모여 있기 때문에 다른 노선은 거
의 이용할 일이 없다. 기본요금은 200엔이고 거
리에 따라 요금이 올라가는 시스템으로 운영하는
데, 지하철을 자주 이용할 계획이라면 하루 종일
마음껏 탈 수 있는 1일 승차권(620엔)을 구입하는
것이 좋다. 참고로, 토 · 일 · 휴일에 판매하던 1일
승차권 에코치카킷푸(520엔)는 판매 종료되었다.

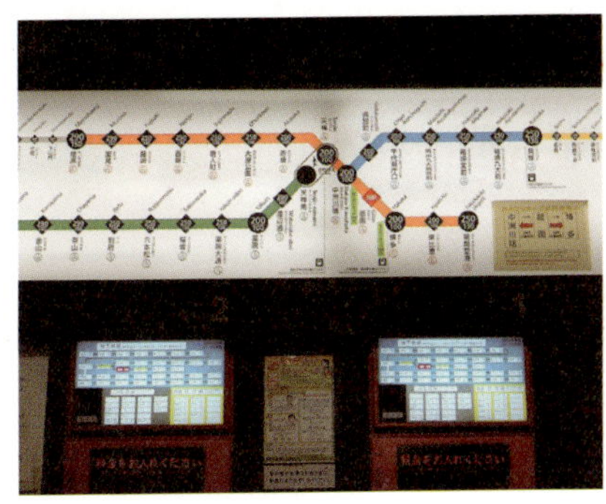
노선도를 보면 요금을 확인할 수 있다.

지하철 승차권 자동판매기 이용 가이드

1 먼저 인원 수 버튼을 눌러 티켓 매수를
정한다.
2 화면 상단의 버튼을 눌러 한국어 서비스
로 변경한다.
3 자판기 위에 붙어 있는 노선도에서 금액
을 확인하고 해당 버튼을 누른다.
4 인원수대로 합산된 금액이 표시되면 동
전 또는 지폐를 넣고 발권을 완료한다.

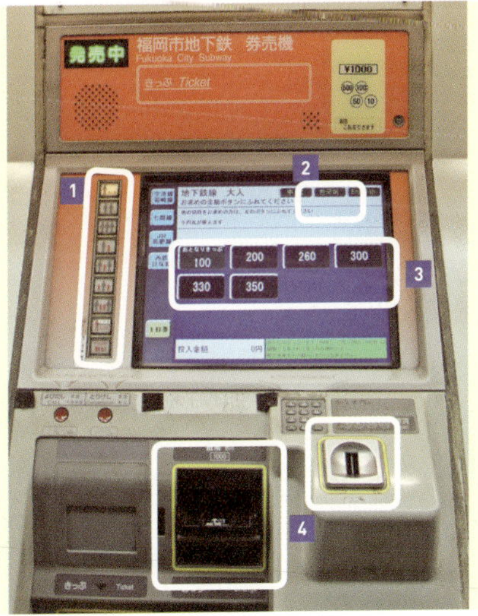
지하철 승차권 자동판매기. 한국어 서비스를 해주기 때문
에 쉽게 발권을 할 수 있다.

• 기초 일본어 •

여행 전에 간단한 일본어를 알아보자. 몇 가지 일본어만으로는 자연스러운 의사소통이야 당연히 불가능하겠지만 식당, 상점 등에서 기본적인 인사를 건네는 것만으로도 여행이 한층 더 즐거워질 것이다.

인사

おはようございます
오하요고자이마스

아침 인사

こんにちは 콘니치와

점심 인사

こんばんは 콤방와

저녁 인사

お願いします 오네가이시마스

부탁드립니다

ありがとうございます
아리가또고자이마스

감사합니다

本当にありがとうございます
혼또니 아리가또고자이마스

정말 감사합니다

すみません 스미마셍

죄송합니다, 실례합니다

さようなら 사요나라

안녕히 계세요

はい 하이　　　いいえ 이이에

예　　　　　　아니오

それでは、また 소레데와 마따

그럼, 또 봐요

화장실

トイレ 토이레

お手洗い 오테아라이

화장실

トイレはどこですか
토이레와 도코데스까

화장실이 어디 있나요?

トイレを借りてもいいですか
토이레오 카리떼모 이이데스까

화장실 좀 써도 괜찮나요?

일본은 대부분의 편의점에 화장실이 있다. 점원에게 위의 표현을 물어보면 화장실을 안내해 줄 것이다.

식사

いただきます 이타다키마스

잘 먹겠습니다

ごちそうさまです
고치소사마데스

잘 먹었습니다

美味しい 오이시이

맛있어

乾杯 칸빠이 건배

韓国語のメニューありますか
캉코쿠고노 메뉴 아리마스까

한국어 메뉴판 있나요?

お勘定お願いします
오칸죠 오네가이시마스

계산 부탁드려요

상점

福袋 후쿠부쿠로

럭키 박스
(보통 연초에 상점에서 판매)

期間限定 키캉겐테

기간 한정

セール 세에루

세일

税抜き 제에누키

세금 불포함

税込み 제에코미

세금 포함

축하

おめでとうございます
오메데또고자이마스

축하합니다

良いお年を 요이 오토시오

새해 복 많이 받으세요(12월 31일 이전)

明けましておめでとうございます
아케마시떼 오메데또고자이마스

새해 복 많이 받으세요(1월 1일 이후)

유용한 표현

いくらですか 이쿠라데스까

얼마인가요?

レシートください
레시토 쿠다사이

영수증 주세요

これください 코레 쿠다사이

이거 주세요

DAY 1
JR HAKATA CITY
먹고, 보고, 쇼핑하고
후쿠오카의 매력에 눈 뜨다
미식의 도시, 쇼핑의 도시 후쿠오카를
여행하는 가장 기본적인 코스

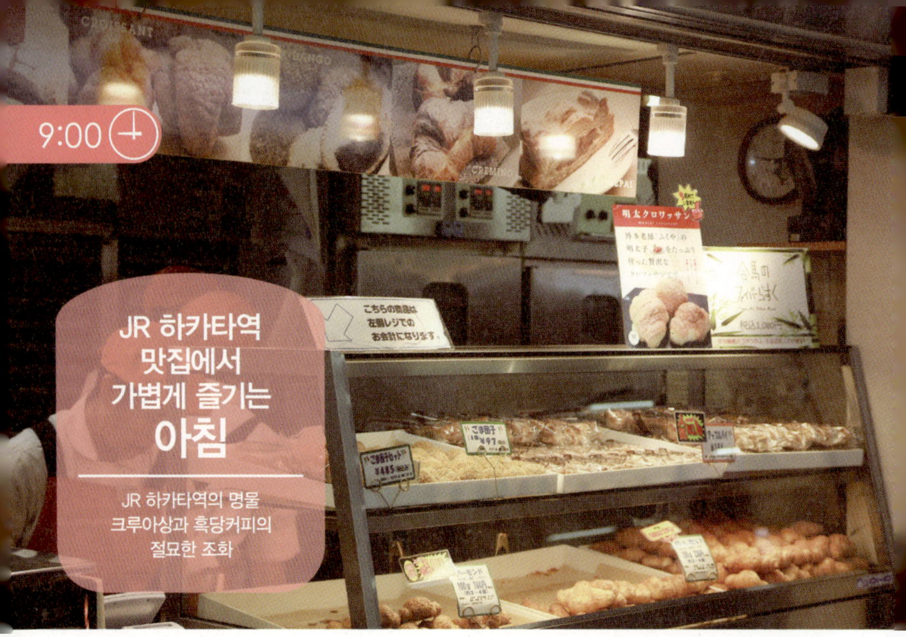

9:00

JR 하카타역 맛집에서 가볍게 즐기는 아침

JR 하카타역의 명물 크루아상과 흑당커피의 절묘한 조화

일 포노 델 미뇽 il FORNO del MIGNON

JR 하카타역 1층에 있는 크루아상 가게. 역 구내로 들어가면 버터 향 가득한 크루아상 냄새가 풍겨와 한 번 맛보지 않고는 발걸음을 옮기기 어려울 정도이다. 메뉴는 3종류로 단출하지만 맛이 뛰어나 인기가 많다. 100g 단위로 요금을 부과하는데, 200엔이면 4~5개 정도 구입할 수 있다. 처음 맛보는 사람이라면 플레인(プレーン)이 진리. 하지만, 단맛을 좋아한다면 초코(チョコ)나 사츠마이모(さつまいも, 고구마)도 괜찮다. 여행을 시작하기 전 가벼운 아침식사로는 그만이다.

- JR 하카타역 1층
- 福岡市博多区博多駅中央街1-1
- 07:00~23:00
- +8192-412-3364

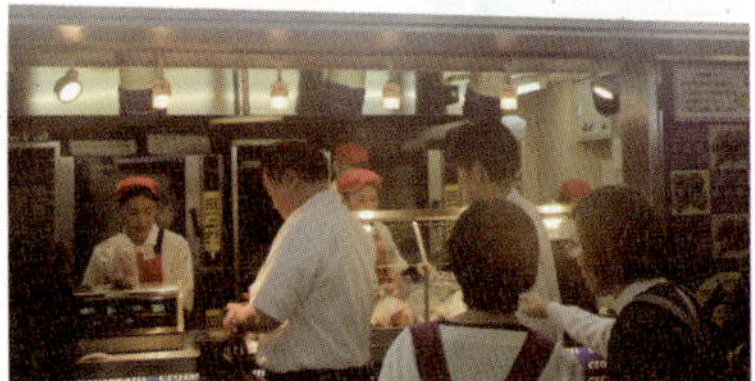

가게 앞은 항상 기다리는 사람들로 문전성시. 오전 9시 전이나 오후 9시 이후에 가야 많이 기다리지 않는다.

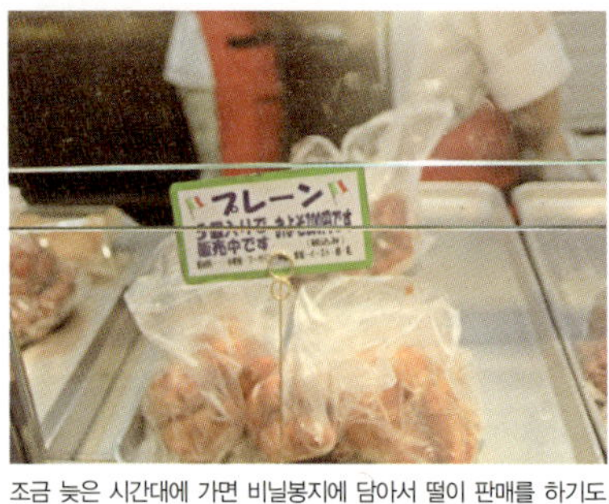

조금 늦은 시간대에 가면 비닐봉지에 담아서 떨이 판매를 하기도 한다.

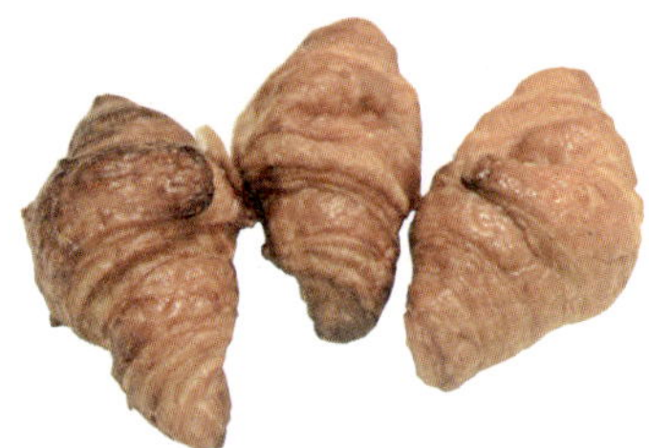

우에시마 커피 上島珈琲店

우리에게는 달달한 흑당커피로 더 많이 알려져 있는데, 후쿠오카 여행을 할 때 한 번쯤은 꼭 마셔줘야 하는 맛집 버킷리스트이다. 여행자들이 가장 많이 모이는 JR 하카타역 1층에 있어서 찾아가기도 쉽다. 흑설탕과 우유가 절묘한 배합으로 들어간 고쿠토미루쿠고히(黒糖ミルク珈琲, S사이즈 370엔)는 일 포노 델 미뇽의 크루아상과 함께 먹으면 맛이 배가 된다.

📍 JR 하카타역 1층
✉ 福岡市博多区博多駅中央街1-1
🕐 07:00~23:00
☎ +8192-461-0110
🏠 www.ueshima coffee-ten.jp

① 1933년 고베에서 창업한 역사 깊은 커피 전문점
② 명물 구리 컵에 담아주는 흑당커피
③ 일 포노 델 미뇽의 크루아상과 궁합이 잘 맞는다.
④ 가게 입구에 영어가 병기되어 있는 사진 메뉴판이 있어 쉽게 주문을 할 수 있다.

하카타의
수호 신사

아침 식사 후
가볍게 산책하듯 둘러보는
신사 탐방

구시다진자 櫛田神社

'오쿠시다상(お櫛田さん)'이라는 애칭으로
불리는 신사로 8세기 무렵 하카타 지역의
수호 신사로 세워졌다고 한다. 하지만 지금
의 신사는 16세기경 일본을 통일한 도요토
미 히데요시의 기부로 세워진 것이다. 후쿠
오카의 대표적인 축제인 하카타 돈다쿠 마
츠리(博多どんたく港まつり)와 하카타 기
온야마가사(博多祇園山笠)가 열리는 곳으
로 유명하다. 경내가 넓지 않으므로 가볍게
산책하듯 둘러보면 된다.

🚇 지하철 기온역 2번 출구에서 도보 5분
📍 福岡市博多区上川端町1-41
🕐 04:00~22:00
📞 +8192-291-2951

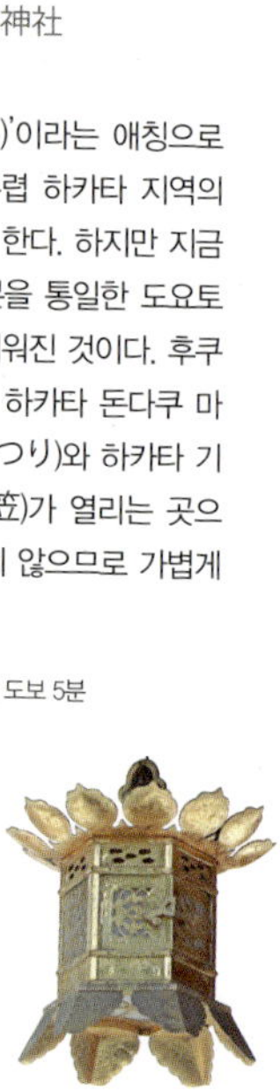

① 신사 근처에서 인력거 체험을 할 수 있다. 요금은 5분에 500엔

② 길흉을 점치는 제비뽑기 오미쿠지(おみくじ). 보통 운세를 확인한 후에 나무에 묶어두는 경우가 많다.

③ 후쿠오카 대표 축제인 하카타 기온야마가사를 할 때 사용하는 거대한 가마

④ 저마다의 염원을 글로 써서 걸어둔 수많은 에마(繪馬)들

⑤ 신사 뒷문으로 나가면 바로 앞에 캐널시티 하카타로 이어지는 연결통로가 보인다.

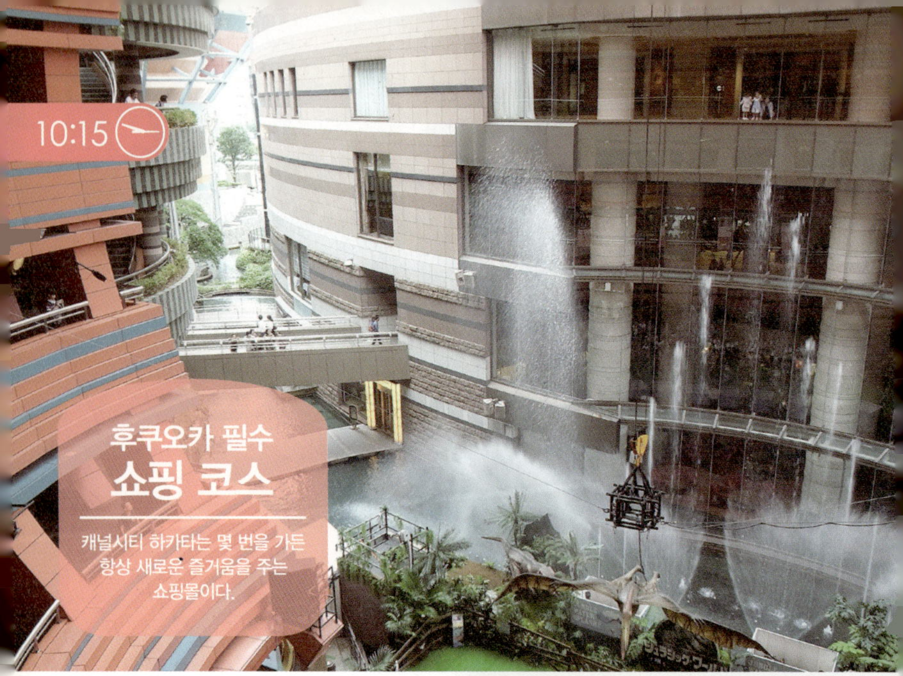

캐널시티 하카타

キャナルシティ博多

1996년 4월에 문을 연 커낼시티 하카타는 하나의 건물이 아니라 여러 가지 건물이 모인 '도시 속의 도시, 즐거움이 교차하는 미래 도시형 공간'이라는 디자인 개념이 도입된 대형 복합 쇼핑 시설이다. 도쿄의 록폰기힐스와 가렛타 시오도메, 고쿠라의 리버워크 기타큐슈 등 인기 복합 쇼핑몰을 만든 세계적인 건축가 존 저드의 일본 내 첫 번째 작품이다. 건물들 사이로 180m에 이르는 인공 운하를 만들어 자연 친화적인 건물로 승화시켰다는 평을 듣고 있으며, 야후오크 돔, 후쿠오카 타워와 함께 후쿠오카를 대표하는 랜드마크로 자리 잡았다. JR 하카타역과 덴진의 중간 지점인 나카스에 위치해 교통이 편리하며, 13개 상영관을 보유한 일본 최대의 영화관 유나이티드 시네마 캐널시티 13을 비롯해 뮤지컬, 콘서트 등 다양한 공연을 즐길 수 있는 캐널시티 극장, 그리고 다양한 브랜드숍을 중심으로 수많은 맛집과 엔터테인먼트 공간이 들어서 있어 단순히 구경만 하더라도 2시간 정도는 훌쩍 지나간다.

캐널시티 하카타 버스정류장에서 도보 5분
福岡市博多区住吉1-2
10:00～21:00(레스토랑 10:00～23:00)
+8192-282-2525
www.canalcity.co.jp

DAY 1

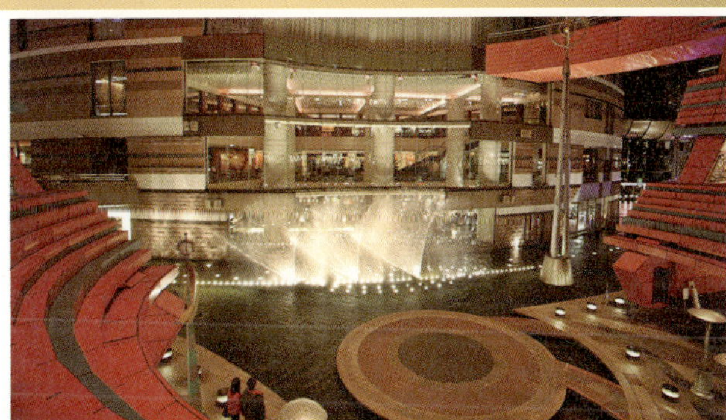

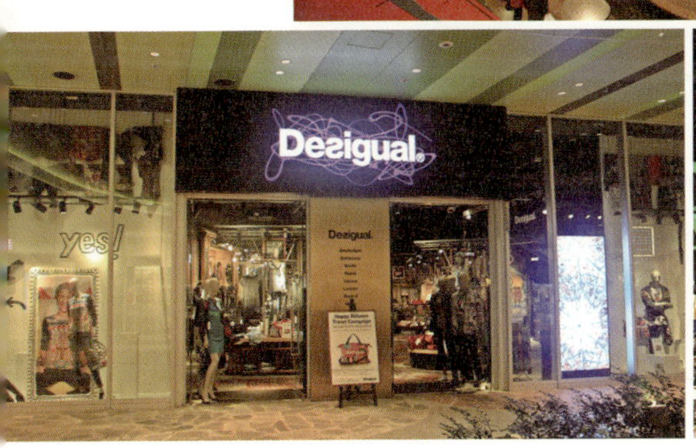

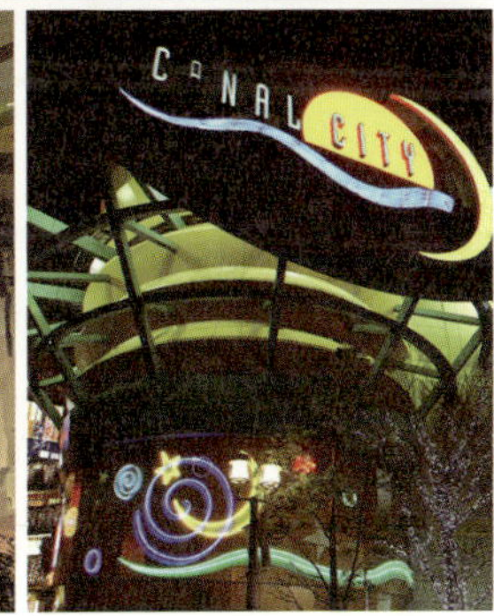

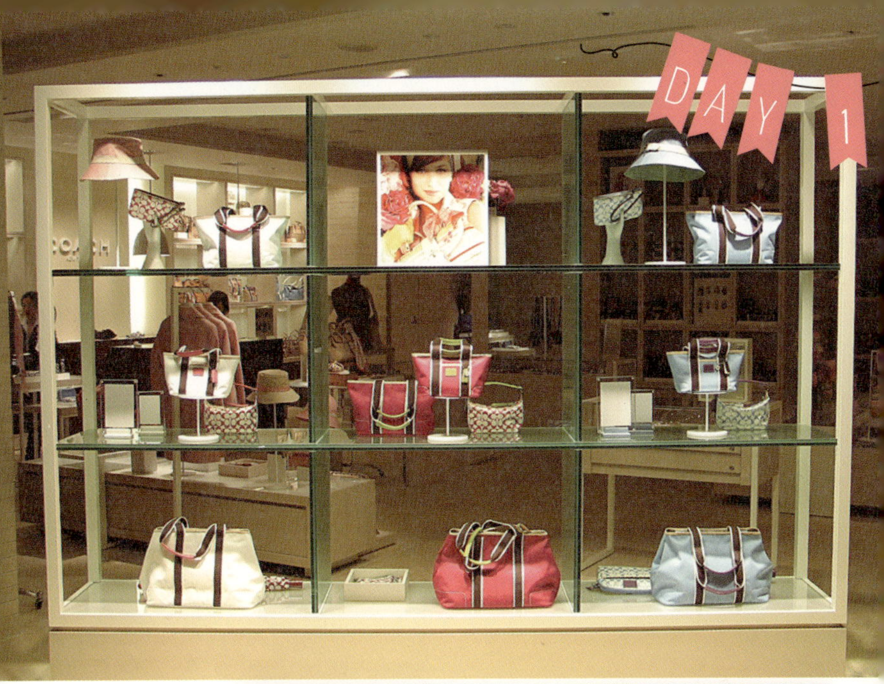

Desigual
yes!

CANAL CITY

캐널시티 하카타의 인기 스폿!

무지 MUJI

일본의 대표적인 라이프스타일 브랜드 무지에는 정말 무지하게 갖고 싶은 것들이 많다. 여기저기에서 컬러풀하고 핫한 브랜드들이 많이 생겨났지만, 일편단심 베이직과 무채색 계통을 고집하는 무지만의 독특한 디자인 감성만큼은 수십 년이 지나도록 변함이 없다.

- 노스빌딩 3층
- 10:00~21:00
- +8192-282-2711
- www.muji.net

카페 무지 Cafe MUJI

시원한 인테리어로 개방감을 느끼며 차 한 잔의 여유를 즐길 수 있는 고품격 카페. 안심하고 먹을 수 있는 유기농 재료를 쓰며, 최고의 맛을 추구해 디저트도 제철 재료만을 쓴다. 쇼핑을 하다가 지친 몸을 잠시 쉬어갈 수 있는 편안한 분위기가 매력이다.

- 노스빌딩 3층
- 11:00~21:00
- +8192-263-6355

칼디 KALDI

커피 농장이라는 부제를 달고 있지만 사실은 다양하고 신기한 식료품도 판매하는 종합 잡화점. 직접 로스팅한 다양한 나라의 원두가 워낙 유명해서 커피 마니아라면 그냥 지나칠 수 없는 곳이다. 과자, 초콜릿, 음료수, 차, 후리카케, 양념소스, 치즈, 술 등 여러 나라의 식료품을 구경하는 재미도 쏠쏠하다.

- 이스트빌딩 1층
- 10:00~21:00
- +8192-262-2204

무민 베이커리&카페
MOOMIN BAKERY&CAFE

핀란드에서 건너온 인기 캐릭터 무민을 주제로
만든 카페. 캐널시티 하카타에 가는 이유가 이
카페 때문이라는 사람이 있을 정도로 인기 만
점인 곳이다. 맛집이라고 하기에는 다소 저항
감이 있지만, 다양한 캐릭터를 보는 즐거움이
그 이상의 가치를 한다.

센터워크 지하 1층
10:00~22:00
+8192-263-2626

세트레봉 C'est Tres Bon

빵의 본고장 프랑스에서 수업을 하고 돌아온
오니시 카오리 셰프가 창업한 베이커리. 유럽
풍과 일본풍을 적절하게 섞은 새로운 스타일의
빵을 만들어내서 호평을 받고 있다. 정통 바게
트에 달콤한 연유가 들어가 있는 인기 넘버원
빵인 쁘띠 미루쿠 바게토(プチミルクバゲッ
ト, 173엔)는 꼭 먹어봐야 한다.

이스트빌딩 1층
08:00~20:00
+8192-283-2650
www.cest-tresbon.com

정통 하카타
라멘을 즐기다

후쿠오카 돈코츠 라멘의
양대산맥 잇푸도와 이치란

잇푸도 다이묘 본점 一風堂 大名本店

후쿠오카를 대표하는 라멘 전문점으로, 이치란과 함께 하카타 돈코츠
라멘의 전국화에 큰 영향을 끼친 라멘 가게이다. 체인 사업을 하면서
대중적인 맛을 찾아 변화해왔기 때문에 현지인들 사이에서는 진짜 돈
코츠 라멘이 아니라는 평가를 받기도 하지만, 그렇기 때문에 우리나라
사람들 입맛에는 오히려 더 잘 맞는다. 현지에서 가장 인기 있는 메뉴
는 아카마루신아지(赤丸新味, 중 기준 820엔)이지만, 칼칼하면서도
걸쭉한 국물이 일품인 카라카멘(からか麺, 820엔)도 강추.

지하철 덴진역 2번 출구에서 도보 7분
福岡市中央区大名1-13-14
월~목 11:00~23:00, 금 11:00~24:00, 토 10:30~24:00, 일·휴일
10:30~23:00(연말연시 휴무)
+8192-771-0880
www.ippudo.com

돈코츠의 느끼한 맛이
싫다면 매콤한 카라카
멘이 진리

라멘과 궁합이 잘 맞는 잇푸도의 인기
반찬 카라모야(辛もや). 중앙 테이블에
서 원하는 만큼 담아오면 된다.

살짝 넣어 먹으면 더 맛있는 기본 소스들. 기본적으로 국물맛이 강하기 때문에 싱겁
게 먹는 사람이라면 넣지 않는 것이 좋다.

이치란 본점 一蘭 本店

후쿠오카를 대표하는 돈코츠 라멘의 원류로 50년 전통을 자랑한다. 혼자 방문해도 어색하지 않은 독서실 분위기의 칸막이 테이블, 국물과 면을 내 취향대로 선택해서 먹을 수 있다는 점에서 돈코츠 라멘을 처음 접하는 사람들에게는 가장 좋은 선택지일 듯하다. 라멘 전문점 같지 않은 독특한 빌딩 외관 덕분에 찾아가기가 쉬우며, 1층은 교자와 라멘을 먹을 수 있는 테이블석, 2층은 원조 독서실 콘셉트로 구성되어 있다. 기본 메뉴인 라멘은 890엔이고, 다양한 토핑을 추가로 선택해서 먹을 수 있다.

지하철 나카스카와바타역 2번 출구에서 도보 1분
福岡市博多区中洲5-3-2
24시간
+8192-262-0433

자동판매기에서 티켓을 뽑아서 들어가면 된다.

선물용으로 좋은 이치란 명물 라멘세트

1층에서만 맛볼 수 있는 명물 교자

2층 독서실 콘셉트 좌석

맛, 기름진 정도, 면의 상태를 직접 조절 할 수 있는 것이 이치란 라멘의 장점

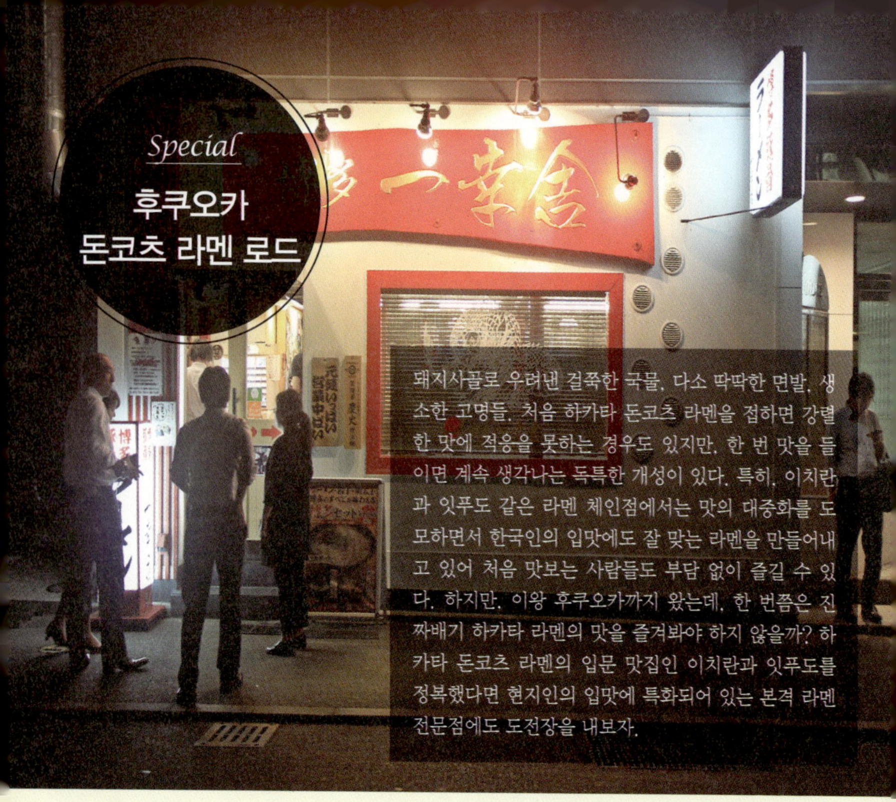

후쿠오카
돈코츠 라멘 로드

돼지사골로 우려낸 걸쭉한 국물, 다소 딱딱한 면발, 생소한 고명들. 처음 하카타 돈코츠 라멘을 접하면 강렬한 맛에 적응을 못하는 경우도 있지만, 한 번 맛을 들이면 계속 생각나는 독특한 개성이 있다. 특히, 이치란과 잇푸도 같은 라멘 체인점에서는 맛의 대중화를 도모하면서 한국인의 입맛에도 잘 맞는 라멘을 만들어내고 있어 처음 맛보는 사람들도 부담 없이 즐길 수 있다. 하지만, 이왕 후쿠오카까지 왔는데, 한 번쯤은 진짜배기 하카타 라멘의 맛을 즐겨봐야 하지 않을까? 하카타 돈코츠 라멘의 입문 맛집인 이치란과 잇푸도를 정복했다면 현지인의 입맛에 특화되어 있는 본격 라멘 전문점에도 도전장을 내보자.

하루 종일 쉴 새 없이 가동되는 후쿠오카 직장인들의 맛집

하카타 잇코샤 본점 博多一幸舎 本店

60년 전통의 유명한 야타이 돈류가 원류. 일본 국내산 돼지 사골을 기본으로 간장과 각종 해산물로 국물을 내어 깊이가 있으면서도 잡내가 없다. 다만, 처음 돈코츠 라멘을 접하는 사람이라면 강렬한 맛에 호불호가 갈릴 수도 있을 것이다. 일본 현지에서도 인기가 높아 식사 시간이면 항상 많은 사람들로 붐빈다. 대표 메뉴는 아지타마차슈멘(味玉チャーシューメン, 1,000엔). 하카타 명물인 히토구치교자와 멘타이코 고항이 함께 나오는 하카타세트(博多セット, 1,050엔)도 인기가 높다. 다이묘와 하루요시, 하카타역 데이스토 2층에 지점이 있다.

JR 하카타역 하카타 출구에서 도보 5분
福岡市博多区博多駅前3-23-12 光和ビル 1 F
11:00~24:00, 일요일 11:00~21:00
+8192-432-1190
www.ikkousha.com

2012년에 오픈한
하카타 돈코츠 라멘의 신흥 강자

하카타 잇소우 본점 博多一双 本店

유명한 잇코샤에서 라멘 수업을 받은 분이 창업을 한 곳이라 기본적인 맛은 보증하는데, 가볍게 먹을 수 있는 다양한 종류의 라멘을 개발해서 젊은 세대에게 특히 인기가 높다. 대표 메뉴는 양념된 반숙 계란이 들어가는 아지타마라멘(味玉ラーメン, 700엔)으로 돈

코츠 라멘의 느끼함을 확 잡아주는 매콤한 갓김치와 함께 먹으면 금상첨화.

📍 JR 하카타역 치쿠시 출구에서 도보 8분
🗺 福岡市博多区博多駅東3-1-6
🕐 11:00~24:00
☎ +8192-472-7739

280엔으로 맛보는 하카타 라멘의 진수

하카타라멘 젠 博多ラーメン 膳

주머니 사정이 좋지 않은 젊은이들에게 꿀맛 같은 한 끼를 선사하는 하카타라멘 젠. 식신로드에 소개된 후로 우리나라 여행자들도 즐겨 찾는 곳이 되었다. 가장 큰 매력은 단돈 280엔으로 정통 하카타 라멘을 맛볼 수 있다는 점. 하지만, 싸다고 결코 맛까지 저렴하지는 않다. 정성껏 우려낸 돼지 사골 국물에 부드러운 편육, 쫄깃한 면까지 충분히 돈코츠 라멘의 매력을 즐길 수 있다. 다만, 돈코츠 라멘 입문자에게는 다소 느끼할 수 있으므로 마늘을 조금 넣어서 먹는 것도 좋은 방법. 다이묘에도 지점이 있다.

📍 지하철 덴진역 13번 출구에서 도보 3분
🗺 福岡市中央区 天神 1-10-13
🕐 11:00~24:00
☎ +8192-714-1565

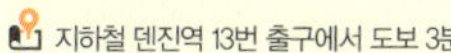

TIP

후쿠오카의 라멘 전문점에서는 라멘을 주문할 때 기본적으로 면의 익힘 정도를 물어보곤 한다. 이치란처럼 종이에 적어서 보여주는 경우가 아니라면, 적잖이 당황스러운 상황. 그럴 때는 후츠(ふつう, 보통)라고 대답하면 된다. 하카타 라멘은 조금 덜 익은 딱딱한 면을 최고로 치지만, 우리나라 사람들에게는 보통 면이 가장 잘 어울린다. 일본어가 익숙하지 않다면 영어로 노멀이라고 해도 된다.

취향대로 둘러보는
쇼핑몰 산책

젊은 감성 브랜드에서
최고급 명품까지
후쿠오카 쇼핑의 진수를 만끽하다.

미츠코시 三越

맛있는 디저트가 많기로 유명한 후쿠오카 3대 백화점 중 하나. 이와타야나 다이마루보다 고급스러운 분위기는 떨어지지만, 뿌리 깊은 역사를 자랑하는 미츠코시만의 전통, 패션 매장의 차별화 등을 내세우고 있다. 또한, 다양한 네트워크를 이용해 국내외에서 모은 수준 높은 상품이 많은 것도 매력적이다. 하지만, 후쿠오카 미츠코시의 가장 큰 매력은 지하 식품 매장에 자리한 디저트 코너. 인기 베이커리 폴 보퀴즈와 조안을 비롯, 수많은 상점이 들어서 있어 발걸음을 유혹한다.

니시테츠 후쿠오카역과 연결
福岡市中央区天神2-1-1
10:00~20:00
+8192-724-3111
www.m.iwataya-mitsukoshi.co.jp

지하 1층에 위치한
인기 베이커리 폴 보퀴즈와
조안의 독특하고 맛있는 빵들

이와타야 _{岩田屋}

1754년에 창업해 250년이 넘는 역사를 자랑하는 후쿠오카의 원조 백화점이었지만, 오랜 경영 부실로 2010년 10월 1일에 후쿠오카 미츠코시에 합병된 비운의 쇼핑몰. 하지만 경영진만 바뀌었을 뿐 운영은 그대로 하고 있다. 지하 2층~지상 7층 규모의 본관과 지하 2층~지상 8층 규모의 신관에는 패션에서부터 생활 잡화에 이르기까지 다양한 상품들이 구비되어 있어 쇼핑족들을 유혹하고 있다.

니시테츠 후쿠오카역에서 도보 1분
福岡市中央区天神2-5-35
10:00~20:00
+8192-721-1111
www.i.iwataya-mitsukoshi.co.jp

① 국내에서도 인기 있는 브랜드 플리츠플리즈 매장. 세일 시즌에는 직구로 구입하는 것보다 훨씬 저렴하게 살 수 있다.
② 한 번 보면 지름신이 강림한다는 바오바오 백 매장. 한때는 백화점 오픈시간 전부터 줄을 서서 번호표를 받아서 들어갔다고 한다.

다이마루 大丸

감각적인 디스플레이와 품격 있는 브랜드를 선별해 구성한 매장 라인업이 돋보이는 대형 백화점. 차분하고 지적인 분위기를 자랑하는 본관과 직장 여성을 타깃으로 한 센스 있는 브랜드가 많은 동관 엘가라로 이루어져 있다. 본관과 동관은 1층 파사주 광장과 지하 2층, 지상 3층의 연결 통로를 통해 서로 연결된다. 1층의 파사주 광장에는 유럽식 노천카페가 늘어서 있어 이국적인 분위기를 더한다. 다이마루 역시 지하 2층 식품관에 가볍게 즐길 수 있는 간식류와 달콤한 스위트 매장이 많아서 인기를 끌고 있다.

니시테츠 후쿠오카역에서 도보 1분
福岡市中央区天神1-4-1
10:00~20:00
+8192-712-8181
www.daimaru.co.jp/fukuoka

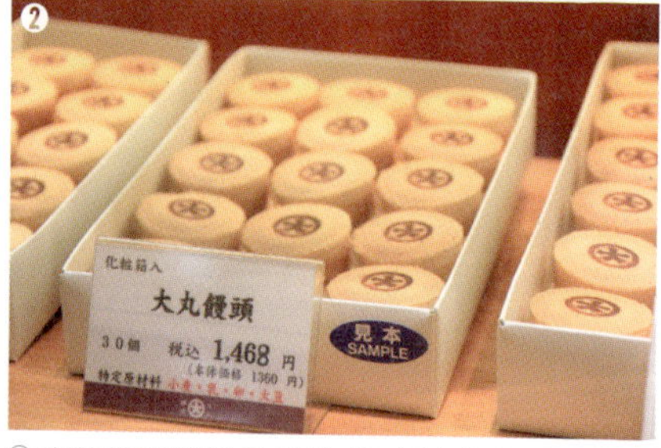

① 파리의 유명 베이커리 중 하나인 메종 카이저. 항상 수많은 사람들로 붐빈다.
② 부드럽고 달달한 하얀 앙금이 일품인 다이마루의 명품 만주

솔라리아 플라자 ソラリアプラザ

최신 트렌드를 추구하는 스타일리시한 패션 관련 아이템과 멀티플렉스 영화관, 젊은이들이 선호하는 맛집이 대거 입점한 상업시설. 젊은 세대에게 가장 많은 사랑을 받고 있는 쇼핑 명소 중 하나이다. 특히, 지하 2층에 딘&델루카가 입점, 3, 40대 주부들의 입맛을 사로잡으면서 일약 후쿠오카 3대 백화점과 어깨를 나란히 하는 쇼핑몰로 변신하고 있다.

니시테츠 후쿠오카역에서 도보 1분
福岡市中央区天神2-2-43
10:00~21:00
+8192-733-7777
www.solariaplaza.com

뉴욕에서 건너온 고급 식재료 브랜드 딘&델루카. 식료품, 잡화, 베이커리, 맛집 등 없는 게 없어 쇼핑이 즐겁다.

인기 있는 딘&델루카의 에코백. 시즌마다 스타일이 달라진다.

간식과 함께 즐기는
꿀맛 같은 휴식

덴진을 대표하는 도심 속 공원에서
쇼핑에 지친 몸을 잠시 쉬어가자.

덴진주오코엔 天神中央公園

총면적 31,000㎡에 달하는 도심 속 공원. 덴진 일대에
근무하는 직장인들의 휴식처로 많은 사랑을 받고 있
다. 원래 후쿠오카 현청이 있던 부지였는데, 1981년 후
쿠오카 현청이 히가시코엔으로 이전한 후 그 철거 지
역을 공원으로 조성한 것이다. 공원은 아크로스 후쿠
오카 앞에 넓게 펼쳐진 넓은 잔디 광장과 50여 그루
의 왕벚나무가 있는 벚꽃 광장, 분수광장으로 구분된
다. 매달 재미있는 공연이나 축제를 열기도 하니 관심
이 있다면 미리 홈페이지에서 확인해보도록 하자.

나카가와 옆으로 작은 오솔길이 있는데, 점심시간에는 뜨거운 햇
볕을 피해 산책하는 사람들로 제법 붐비기도 한다.

니시테츠 후쿠오카역에서 도보 5분
福岡市中央区天神1-1
24시간
+8192-716-6730
http://tenjin-central-park.net

주말에는 재미있는 축제나 공연을 하기도 한다.

일본 축제에서 빠지지 않는 금붕어낚시

친환경 스텝 가든으로 유명한 아크로스 후쿠오카.
덴진주오코엔 쪽에서만 이 넛진 모습을 볼 수 있다.

한낮의 망중한,
해변 산책

이국적인 풍경이 매력적인 마리존,
그 앞으로 펼쳐진 아름다운 해변

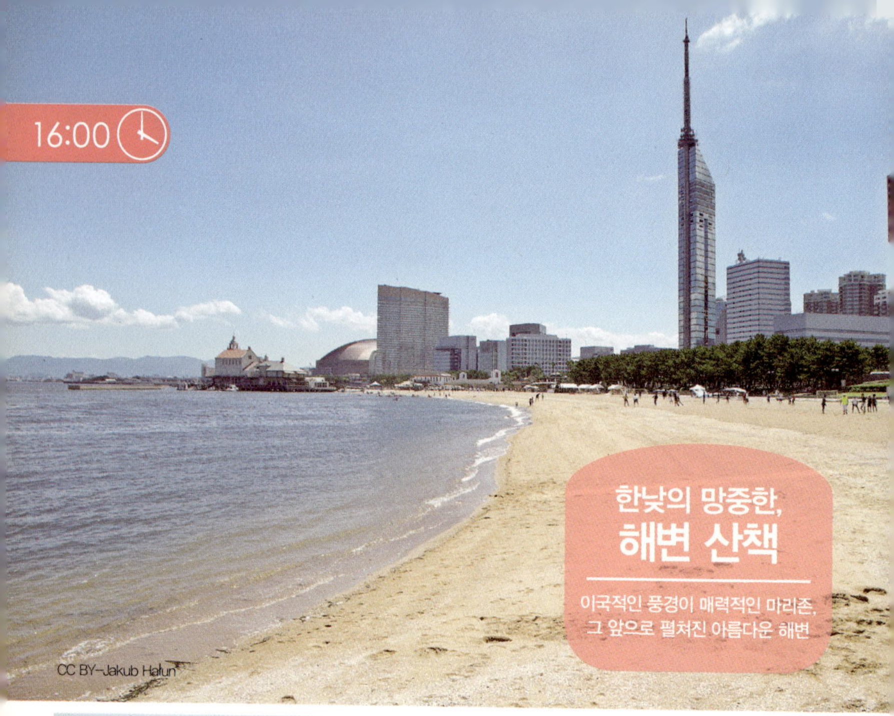

① 일본 최초로 인공 지반 위에 건설한 리조트 시설, 마리존. 지중해 풍의 이국적인 풍경이 아름다운 곳이다.
② 시원한 바다 바람을 맞으며 바비큐를 즐길 수 있는 레스토랑 빅바나나

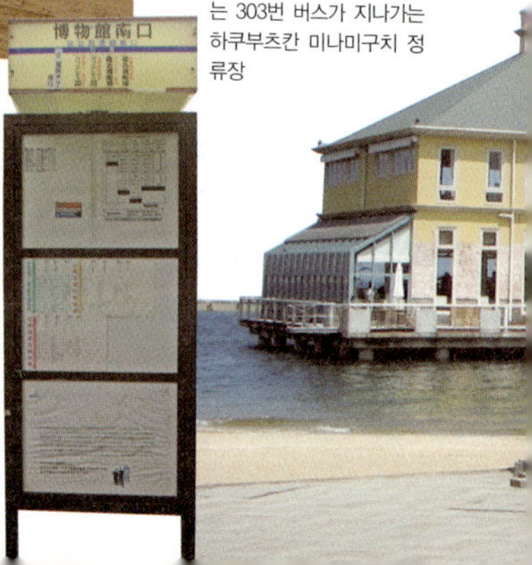

마리노아시티로 한 번에 가는 303번 버스가 지나가는 하쿠부츠칸 미나미구치 정류장

시사이드모모치 해변공원 シーサイドももち海浜公園

아름다운 바다를 바라보며 산책을 즐길 수 있는 인공 해변. 호크스타운에서 서쪽으로 걸어가면 길이 약 250m에 달하는 인공 해변이 길게 펼쳐진다. 바다를 메워 만든 인공 지반 위에 후쿠오카 타워, 해상리조트 시설 마리존, 후쿠오카 시립도서관, 후쿠오카시 박물관 등이 자리 잡고 있다. 이 일대는 원래 1989년 3월 17일부터 9월 3일까지 후쿠오카 시 제정 100주년을 기념해서 개최한 '아시아 태평양 박람회'를 위해 바다를 메운 후 개발한 곳으로 후쿠오카 타워와 후쿠오카 시립박물관이 이때 건설되었다. 박람회 폐막 이후 후쿠오카 시는 이 일대를 시사이드 모모치라 이름 붙이고 현재의 형태로 개발을 진행해 오늘에 이르고 있다. 여름에는 비치발리볼, 비치사커, 제트스키, 서핑 등 해변 스포츠를 즐기는 인파로 넘쳐난다.

하카타 버스터미널 앞에서 306번 버스 이용. 후쿠오카 타워 미나미구치 정류장 하차 후 도보 5분

福岡市早良区百道浜 2-902-1

24시간

+8192-822-8141

www.marizon-kankyo.jp/beach.html

높이 234m의 후쿠오카 타워. 일본에서 가장 높은 해변 타워로 시사이드모모치 해변공원의 랜드마크 역할을 한다.

해변에는 나무 데크가 깔려 있어서 신발에 모래가 들어갈 염려 없이 산책을 즐길 수 있다.

규슈 최초의
아웃렛몰에서
쇼핑하기

대중적인 중저가 브랜드가 많아
부담 없이 쇼핑을 즐길 수 있다.

마리노아시티 후쿠오카

マリノアシティ福岡

하카타 버스터미널 앞에서 303번 버스 이용.
마리노아시티 후쿠오카 정류장 하차. 덴진, 야
후오크 돔 경유

福岡市西区小戸2-12-30

10:00~21:00(상점에 따라 다름)

+8192-892-8700

www.marinoacity.com

2000년 10월에 문을 연 규슈 최초의 아웃렛 몰. 오픈 당시에는 규모가 그리 큰 편이 아니었지만 2004년 7월과 2007년 9월에 시설을 확장해 추가로 아웃렛 II동과 III동을 증설하면서 명실상부 규슈에서 가장 큰 규모의 아웃렛 몰로 거듭났다. 외관은 부두의 창고를 이미지화했는데, 시설 전체가 수변의 입지를 활용한 개방적인 구조로 만들어져 있어, 시원시원하다. 전체적인 구성은 전문 아웃렛 매장이 있는 아웃렛동과 대형 매장 및 엔터테인먼트 시설이 들어선 마리나사이드동으로 구분된다. 여성복, 남성복, 아웃도어에 이르기까지 130여 개의 전문 아웃렛 매장이 모인 아웃렛동에서는 즐거운 쇼핑 여행을 할 수 있으며, 마리나사이드동에는 자동차용품과 종합 스포츠용품 등을 취급하는 매장과 함께 마리노아시티의 상징인 대형 관람차 스카이 휠이 있어 쇼핑은 물론 관람차를 타고 아름다운 전망도 즐길 수 있다.

마리노아시티의 인기 브랜드

kipling

OLIVE des OLIVE

MAX&Co

sylvanian families

LEGO click brick

theory

마리노아시티의 상징인 대형 관람차 스카이 휠.
저녁에 타면 멋진 야경을 즐길 수 있다.

후쿠오카 명물
모츠나베 맛보기

혼자서도 편하게 갈 수 있는 일본식
곱창전골 전문점 탐방

원조 하카타 멘모츠야

元祖博多麺もつ屋

혼자서도 편하게 먹을 수 있는 명물 모츠나베 전문점.
모든 좌석이 카운터석이며 점원이 친절하게 만들어주
기 때문에 모츠나베가 처음인 사람도 쉽게 만들어먹
을 수 있다. 또 하나의 특징은 짬뽕 사리가 기본으로
들어가 있어서 면과 함께 곱창을 즐길 수 있다는 점.
대표 메뉴인 모츠나베는 1인분이 990엔으로 부담 없
이 즐길 수 있다. 양이 적은 여성이라면 하프 사이즈
(790엔)를 주문하면 된다. 간장 베이스인 쇼유(醬油)
와 된장 베이스인 미소(味噌) 중에서 선택하면 되는
데, 처음이라면 미소를 추천한다.

지하철 덴진미나미역 6번 출구에서 도보 5분
福岡市中央区春吉3-11-17
11:30〜16:00, 17:00〜24:00
+8192-771-5266

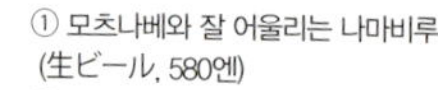

① 모츠나베와 잘 어울리는 나마비루
(生ビール, 580엔)
② 세팅이 완료된 모츠나베 1인분. 성인
남자가 배불리 먹을 수 있는 양이다.
③ 다 먹고 나면 달콤한 디저트까지. 풀
서비스 완비

오오야마 덴진점 おおやま 天神店

맛집이 많기로 유명한 파르코 지하 식당가에 자리 잡은 모츠나베 전문점. 곱창전골을 처음 접하는 사람들도 부담스럽지 않게 먹을 수 있는 대중적인 맛, 혼자 와도 편하게 먹을 수 있는 분위기, 깨끗하고 친절한 서비스로 주변 직장인뿐만 아니라 여행자들도 즐겨 찾는 맛집이다. 모츠나베 1인분은 1,380엔이지만, 양이 그다지 많지 않다. 먹성이 좋은 사람이라면 짬뽕면이나 밥을 추가하는 것이 좋다. 점심시간에 들른다면 가성비 좋은 평일 한정 모츠나베 런치 세트(1,090엔) 추천.

지하철 덴진역 7번 출구에서 도보 1분. 파르코 신관 지하 2층
福岡市中央区天神2-11-1 福岡パルコ 新館B2F
10:00~24:00
+8192-235-7433

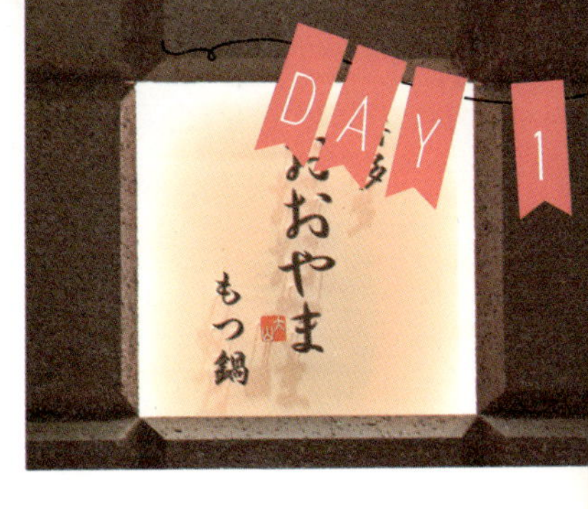

① 테이블 세팅이 깔끔해서 다른 모츠나베 전문점보다 여성 손님들이 많은 편이다.

② 자릿세 개념의 오토오시(お通し)로 나오는 에다마메(枝豆, 300엔)

③ 부추와 두부, 곱창의 앙상블이 매력적인 맛을 보여준다. 간장 베이스는 상당히 짠 편이라 된장 베이스로 먹는 편이 좋다.

오늘의 루트 MAP

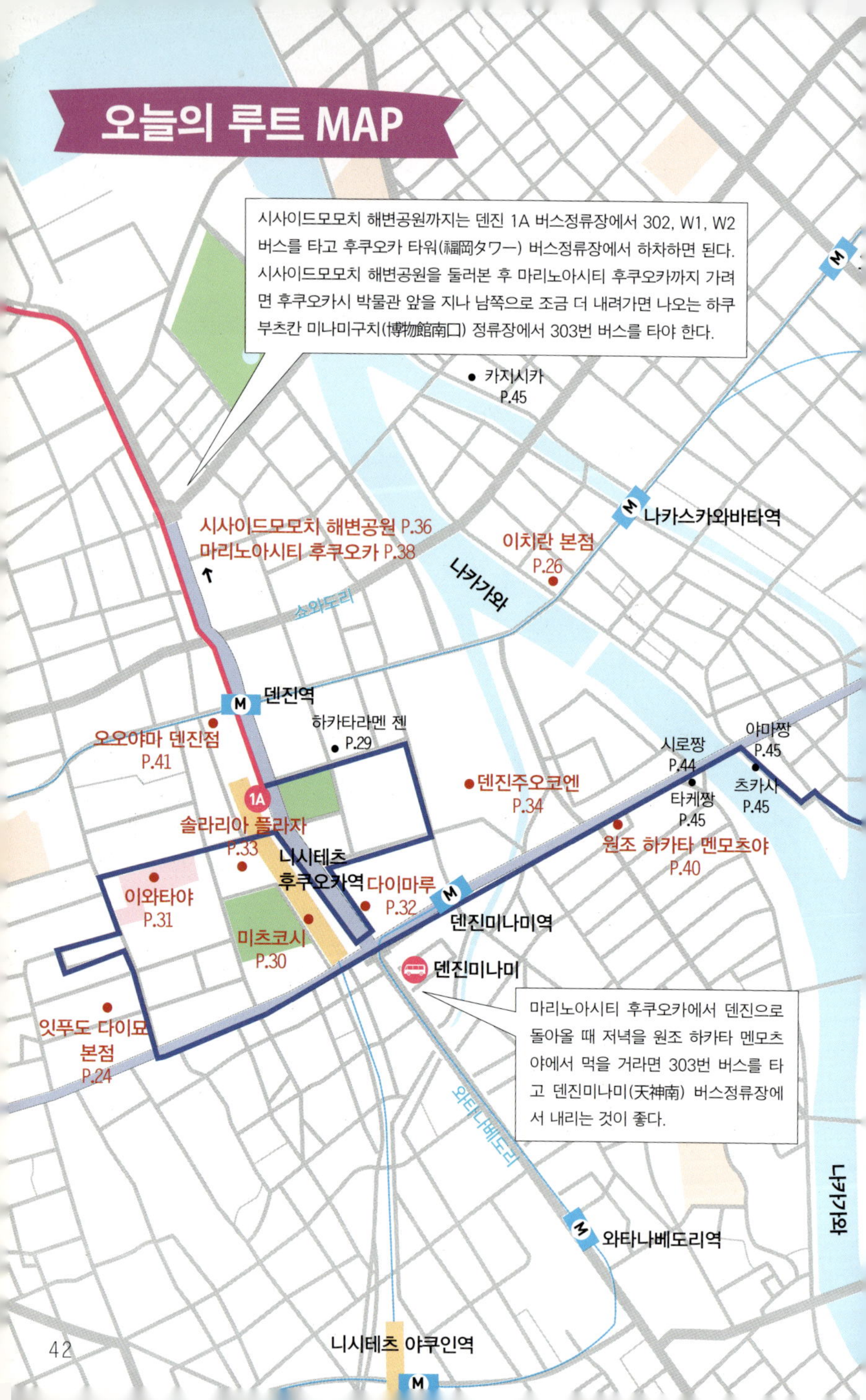

시사이드모모치 해변공원까지는 덴진 1A 버스정류장에서 302, W1, W2 버스를 타고 후쿠오카 타워(福岡タワー) 버스정류장에서 하차하면 된다. 시사이드모모치 해변공원을 둘러본 후 마리노아시티 후쿠오카까지 가려면 후쿠오카시 박물관 앞을 지나 남쪽으로 조금 더 내려가면 나오는 하쿠부츠칸 미나미구치(博物館南口) 정류장에서 303번 버스를 타야 한다.
카지시카
P.45
시사이드모모치 해변공원 P.36
마리노아시티 후쿠오카 P.38
이치란 본점
P.26
나카스카와바타역
나카가와
쇼와도리
덴진역
하카타라멘 젠
P.29
오오야마 덴진점
P.41
1A
솔라리아 플라자
P.33
니시테츠
후쿠오카역
다이마루
P.32
덴진주오코엔
P.34
시로짱
P.44
야마짱
P.45
타케짱
P.45
츠카사
P.45
원조 하카타 멘모츠야
P.40
이와타야
P.31
미츠코시
P.30
덴진미나미역
덴진미나미
잇푸도 다이묘
본점
P.24
마리노아시티 후쿠오카에서 덴진으로 돌아올 때 저녁을 원조 하카타 멘모츠야에서 먹을 거라면 303번 버스를 타고 덴진미나미(天神南) 버스정류장에서 내리는 것이 좋다.
와타나베도리
와타나베도리역
나카가와
니시테츠 야쿠인역

도보 루트
버스 루트
지하철역
버스정류장
기온역
진자
18
이도로
하카타역에서 구시다진자까지는 도보로 15분 정도 걸리는데, 도로를 따라가는 길이라 지루할 수 있다. 특히, 도보 여행이 힘든 여름이나 겨울에는 100엔 버스를 타고 편하게 이동하는 것이 좋다.
START
일 포노 델 미뇽 P.16
우에시마 커피 P.17
하카타역
캐널시티 하카타 마에
JR 하카타역
캐널시티 하카타
P.20
하카타 잇코샤 본점
P.28
캐널시티 하카타에서 덴진까지는 빨리 걸어도 20분 정도 걸린다. 캐널시티 하카타마에(キャナルシティ博多前) 버스정류장에서 100엔 버스를 이용하는 것도 좋은 방법이다.
스미요시진자
P.48
하카타 잇소우 본점
P.29
시도리

Special
후쿠오카의 야타이

야타이(屋台)는 포장마차를 의미한다. 흔히 볼 수 있는 우리나라의 포장마차와 달리 일본의 야타이는 축제나 행사가 있을 때만 반짝 등장하는 경우가 일반적이다. 하지만 후쿠오카에서는 예외적으로 나카스. 덴진. 나가하마 등 도심 일대에 야타이가 줄지어 서 있는 색다른 풍경을 볼 수 있다. 왁자지껄한 분위기. 이름도 요금도 알아보기 힘든 메뉴판 등 야타이 특유의 분위기 때문에 초보 여행자들은 쉽게 접근하기 힘들겠지만 후쿠오카에서만 느낄 수 있는 색다른 재미를 원한다면 용기를 내서 도전해보자.

나카스의 인기, 야타이

시로짱 白ちゃん

타케짱 바로 옆에 있는 야타이. 젊지만 솜씨가 뛰어난 타이쇼(大将, 야타이의 주인장)가 다양한 요리를 선보인다. 대표 메뉴는 시로짱 라멘(白ちゃんラーメン)으로 진한 돈코츠 국물이 일품이다. 그밖에도 쿠시야키(串焼き)와 오뎅(おでん) 등 맛있는 메뉴들이 많다.

위치 : 지하철 나카스카와바타역 1번 출구에서 도보 10분
주소 : 福岡市中央区春吉3-1
오픈 : 19:00~02:00(부정기 휴무)
전화 : +8190-9575-1200

츠카사 司

튀김과 구이로 유명한 야타이. 강변에 자리 잡고 있어 시원한 강바람을 맞으며 즐거운 시간을 보낼 수 있다. 인기 메뉴는 후쿠오카 명물인 가라시멘타이코 덴푸라(辛子明太子の天ぷら, 명란젓 튀김). 주머니 사정이 괜찮다면 육즙이 살아 있는 고쿠조규탄스테키(極上牛タンステーキ, 소혀 스테이크)도 맛보자.

지하철 나카스카와바타역 1번 출구에서 도보 9분
福岡市博多区中洲1, 春吉橋付近
17:30〜01:00(수요일 휴무)

카지시카 かじしか

20대 여성이 운영하는 곳으로 다른 야타이에 비해 편하게 갈 수 있다는 장점이 있다. 야타이들이 많이 모여 있는 나카가와도리와는 조금 떨어진 곳에 위치하고 있지만, 한적한 분위기 속에서 맛있는 요리를 맛볼 수 있다. 인기 메뉴는 호네츠키가루비(骨付カルビ, 숯불갈비).

지하철 나카스카와바타역 6번 출구에서 도보 5분
福岡市博多区須崎町3
18:00〜24:00
+8190−1877−3773

타케짱 武ちゃん

다른 야타이들과 조금 다르게 나가사키 짬뽕(ちゃんぽん)으로 유명한 곳. 간판 메뉴인 후쿠오카 명물 교자(餃子)를 비롯, 오뎅, 야키소바 등도 맛있다. 야타이들이 잔뜩 몰려 있는 나카가와도리(那珂川通り) 맞은편에 자리 잡고 있어 상대적으로 한적하게 요리를 즐길 수 있다.

지하철 나카스카와바타역 1번 출구에서 도보 10분
福岡市中央区春吉3−1
19:00〜02:30(부정기 휴무)
+8190−8628−9983

야마짱 やまちゃん

나가하마 라멘으로 유명한 야타이. 야키토리(やきとり), 오뎅(おでん), 규탄(牛たん) 등 야타이의 기본적인 메뉴들도 충실해 언제나 많은 사람들로 붐빈다.

지하철 나카스카와바타역 1번 출구에서 도보 9분
福岡市博多区中洲1, 春吉橋付近
18:30〜02:00

초보 여행자도
야타이를 즐길 수 있는 꿀팁

1. 가격표가 있는 야타이를 공략하라!

말도 통하지 않고 메뉴판도 읽을 수 없는 상황에서 가격표까지 없다면 어떻게 뒷감당을 할 것인가? 기분 좋게 먹고 나오려면 예산에 맞추어 주문하는 것이 기본이므로 들어가기 전에 꼭 가격표의 유무를 확인하자.

2. 먹고 싶은 메뉴의 한자를 알아두자!

야타이에 가려고 일본어를 체계적으로 공부할 필요는 없지만, 기본적으로 자기가 먹고 싶은 메뉴의 한자와 읽는 방법 정도는 미리 알아두는 것이 좋다. 홈페이지에 나와 있는 메뉴를 파악하며 가벼운 마음으로 공부하자.

3. 들어가기 전에 화장실은 필수!

당연한 말일지도 모르겠지만 야타이에는 화장실이 없다. 2~3시간 정도는 충분히 참을 수 있는 근성 여행자가 아니라면 근처 대형 건물이나 지하철역 내 화장실에서 꼭 볼일을 보고 가자.

4. 일행이 많으면 일반 음식점으로 가는 것이 좋다!

일반적으로 야타이의 수용 인원은 10명 정도. 일행이 3~4명이라면 비집고 들어갈 공간이 있겠지만 그 이상이라면 조금 어렵다고 봐야 한다. 그래도 야타이의 분위기를 꼭 느끼고 싶다면 파리만 날리는 곳을 찾아보자.

5. 여자 손님이 많은 야타이를 노려라!

어떤 일이든 첫 경험은 떨리고 두려운 것이 사실. 설상가상 술 취한 아저씨들이 왁자지껄하게 떠들고 있으면 더더욱 들어가기가 꺼려진다. 그럴 때는 여자 손님이 많은 곳을 찾는 것이 정답.

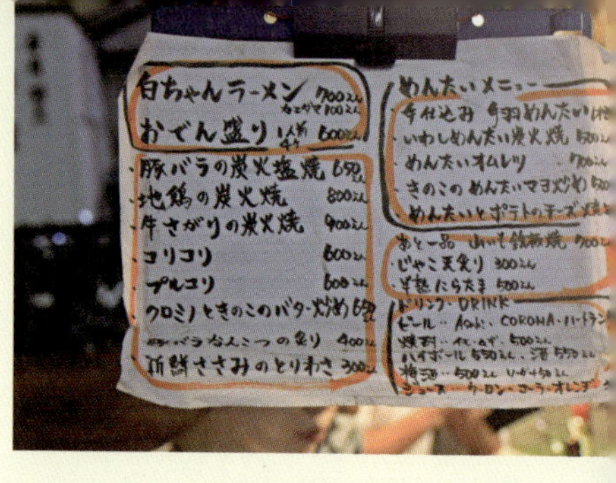

어렵지 않게 주문할 수 있는
야타이의 인기 메뉴

- 라멘 ラーメン : 일본식 생라면
- 오뎅 おでん : 어묵
- 에다마메 枝豆 : 껍질째 삶은 풋콩
- 텐푸라 天ぷら : 튀김요리
- 카라아게 唐揚げ : 닭고기 튀김요리
- 야키우동 焼きうどん : 볶음우동
- 야키소바 焼きそば : 볶음소바
- 야키토리 焼き鳥 : 닭고기 꼬치구이
- 쿠시야키 串焼き : 닭고기 이외의 꼬치구이
- 야키교자 焼き餃子 : 군만두
- 호르몬야키 ホルモン焼き : 내장 구이
- 톤소쿠 とんそく : 돼지족발
- 시오카라 塩辛 : 젓갈

> **TIP**
>
> ### 한국어가 통하는 야타이
>
> 한글 메뉴판이 있고 한국어도 어느 정도 통하기 때문에 초보 여행자들에게는 안성맞춤인 야타이가 있다. 덴진 다이마루 백화점 앞에 자리 잡고 있는 야타이야 뽕키치(屋台屋ぴょんきち)가 바로 그곳. 나카스 강변의 야타이 같은 풍정은 없지만, 현지 분위기를 그대로 느낄 수 있어 야타이 문화를 처음 접하는 여행자에게 추천할 만하다.
>
> 

DAY 2

일본 속으로 녹아드는
골목길 산책

도심 속 한적한 신사, 고층 빌딩 숲 뒤의 작은 골목길.
일본의 일상을 느낄 수 있는 고즈넉한 길을 산책하는 코스

규슈에서
가장 오래된
신사 산책

신선한 아침 공기를 마시며,
조용하게 걷기 좋은 곳

스미요시진자 住吉神社

바다의 신, 항해의 신으로 추앙받는 스미요시(住吉)
의 삼신을 모시는 신사. 일본 전역에 있는 2,000여 개
가 넘는 스미요시진자 중 가장 오래된 신사이다. 오사
카의 스미요시타이샤(住吉大社), 시모노세키의 스미
요시진자와 함께 일본 3대 스미요시진자로 꼽힐 정도
로 유명하다. 정확한 창건 연대는 알 수 없지만 《속일
본기》 등의 기록에 관련 내용이 남아 있는 것으로 보
아 적어도 1,000년 이상의 역사를 가졌으리라 짐작된
다. 2, 30분이면 경내를 둘러볼 수 있으므로 가벼운
산책코스로 그만이다.

JR 하카타역 하카타 출구에서 도보 10분
福岡市博多区住吉3-1-51
24시간
+8192-291-2670
http://chikuzen-sumiyoshi.or.jp

우거진 나무 그늘 사이로 산책하면
몸과 마음이 상쾌해진다.

① 상업 번창의 신, 집을 지키는 신으로서 서민 신앙의 근간이 된 오이나리상. 일본어로 유부초밥을 오이나리상이라고도 하는데, 이는 여우가 유부를 좋아한다는 데서 비롯된 말이다.

② 신사를 둘러보기 전에는 몸을 정갈하게 하는 것이 원칙. 왼손, 오른손, 입 순서대로 씻으면 된다.

③ 수백 년이라는 오랜 세월만큼이나 긴 가지를 가지고 있는 나무. 쓰러지지 않도록 지지대를 받쳐서 보호하고 있다.

에도시대를
느낄 수 있는
작은 정원

한적한 정원에서
말차 세트를 맛보며
여유로움을 만끽하자

라쿠스이엔 楽水園

- JR 하카타역 하카타 출구에서 도보 10분
- 福岡市博多区住吉2-10-7
- 09:00~17:00(수요일, 연말연시 휴무)
- +8192-262-6665
- http://rakusuien.net

스미요시진자 북쪽에 있는 일본식 정원. 메이지 시대에 지은 하카타 상인의 별장을 다실 건물로 개축해 조성한 정원으로 사계절 내내 푸른 나무와 연못이 아름다운 풍경을 연출한다. 산책을 즐기기엔 정원의 규모가 작은 편이지만 잠시 쉬었다가 가기에는 부족함이 없다. 시간이 된다면, 말차 세트(300엔)는 꼭 맛볼 것. 문을 활짝 열고 정원을 바라보며 마시는 말차 한 잔의 정갈한 맛은 카페에서 마시는 커피에 비할 바가 아니다.

말차 세트 준비 여부를 알려주는 입구의 팻말

달콤한 화과자와 함께 나오는 말차 세트. 말차는 시루에서 쪄낸 찻잎을 말린 후에 곱게 갈아 분말 형태로 만들어 물에 타서 마시는 차를 말한다.

① 정원을 바라보며 오감으로 마시는 말차 한 잔의 여유로움
② 방에서 정원으로 이어지는 작은 길. 나막신을 신고 일본 정원의 풍취를 마음껏 느껴보자.

아이보리쉬 アイボリッシュ

🔖 지하철 덴진역 2번 출구에서 도보 5분
🍴 福岡市中央区大名2-1-44
🕐 10:00~22:00(화요일 휴무)
📞 +8192-791-2295
🏠 http://ivorish.com

후쿠오카에서 가장 핫한 브런치 카페

프리미엄 프렌치토스트로 달콤한 하루를 시작해보자.

시끌벅적한 덴진 쇼핑몰 뒤쪽으로 조금만 걸어가면 작은 골목길에 유유히 서 있는 인기 브런치 카페 아이보리쉬를 만날 수 있다. 주변 여성 직장인들에게 큰 인기를 끌면서 입소문이 나서 지금은 점심시간에 가면 평일에도 줄을 서서 기다려야 한다. 대표 메뉴는 가격대는 높지만, 그만한 가치를 하는 프리미엄 플레인(1,200엔). 살짝 느끼할 수 있어 호불호가 갈리지만, 입에서 살살 녹는 정통 에그베네딕트 프렌치토스트(1,300엔)도 인기가 높다.

잘 구운 잉글리시 머핀 토스트에 홀랜다이즈 소스의 궁합이 환상적인 에그베네딕트 프렌치토스트

겉은 바삭, 속은 부드러운 프리미엄 플레인. 버터가 살짝 녹아내린 토스트에 생크림을 발라먹으면 정말 천상의 맛이 따로 없다.

1층 카운터석에서는 요리가 만들어지는 과정을 보면서 음식을 즐길 수 있다.

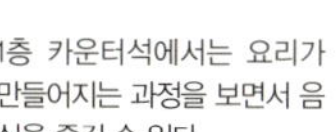

철판 위에서 노릇노릇 맛있게 구워지고 있는 토스트빵. 하나하나 정성껏 구워내기 때문에 시간이 제법 많이 걸린다.

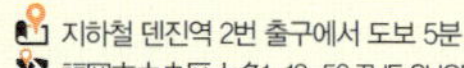

이마이즈미 브런치 카페

후쿠오카 최고의 쇼핑, 맛집들이 모여 있는 덴진 바로 옆에 있지만, 전혀 다른 분위기를 보여주는 곳 이마이즈미. 눈이 휘둥그렇게 커질 만큼 멋진 쇼핑몰이나 볼거리는 없지만, 이마이즈미로 들어가는 순간 시끄러운 도시의 소음은 사라지고 일본의 일상을 자연스럽게 느낄 수 있는 풍경을 만나게 된다. 그런 일상을 눈으로 즐기며 산책을 하다보면 의외의 지역에서 의외의 맛집을 발견하게 된다.

팬케이크와 오믈릿이 일품

에그앤띵스 EGGS'N THINGS

1974년 하와이에서 탄생한 이후 수많은 여행자들의 사랑을 한 몸에 받았던 캐주얼 레스토랑. 일본으로 들어오면서 현지화에 성공, 현재 도쿄, 나고야, 오사카 등지에 체인점을 거느리고 있다. 특히, 인기 있는 메뉴는 스트로베리 휘프 크림 마카다미아 넛츠(Strawberry Whip Cream w/Nuts, 1,080엔). 쓰러질 정도로 높이 솟아오른 휘핑크림과 부드러운 팬케이크의 조화가 뛰어나다. 배불리 먹고 싶다면 다양한 종류의 오믈릿(1,000엔~) 추천.

📍 지하철 덴진역 2번 출구에서 도보 5분
✖ 福岡市中央区大名1-12-56 THE SHOPS 1F
🕐 09:00~22:30
☎ +8192-737-7652
🌐 www.eggsnthingsjapan.com

휘핑크림이 인상적인 스트로베리 팬케이크

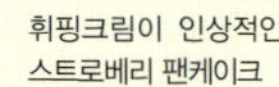

현지인들에게 인기 있는 떠오르는 맛집

브란치 오토 ブランチオットー

우거진 나무들 사이로 가게 상호가 살짝 엿보이는, 독특한 분위기의 외관이 매력적인 캐주얼 레스토랑. 이국적인 퓨전 요리가 많은데, 음식이 맛깔스러워서 현지인들에게 인기가 높다. 커피 한 잔에 가볍게 먹을 메뉴로는 갓 구운 애플파이(焼き立てアップルパイ, 780엔)를 추천한다. 스테이크, 파스타, 오믈릿 등 제대로 된 식사 메뉴도 충실하다.

- 지하철 야쿠인역 1번 출구에서 도보 5분
- 福岡市中央区薬院1-2-2 ymk薬院1階
- 11:30~24:00, 월, 일요일 11:30~22:00
- +8192-406-5418
- www.otto-web.net/shop06.html

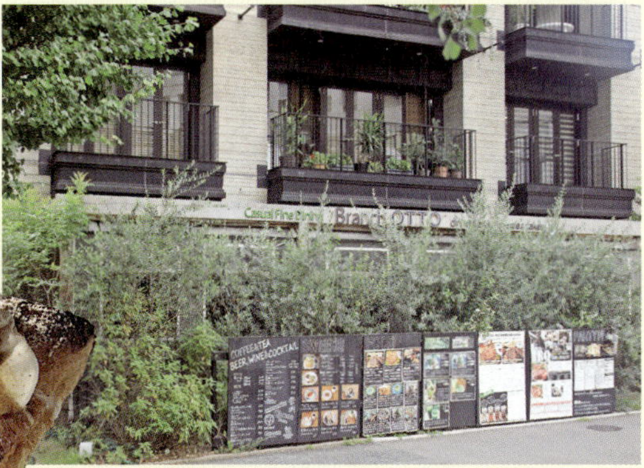

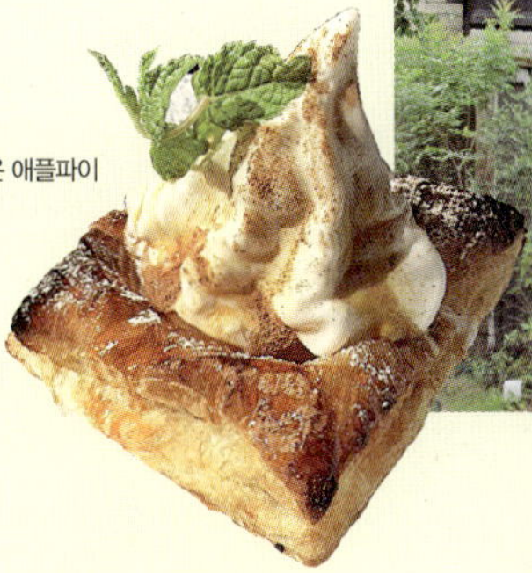

갓 구운 애플파이

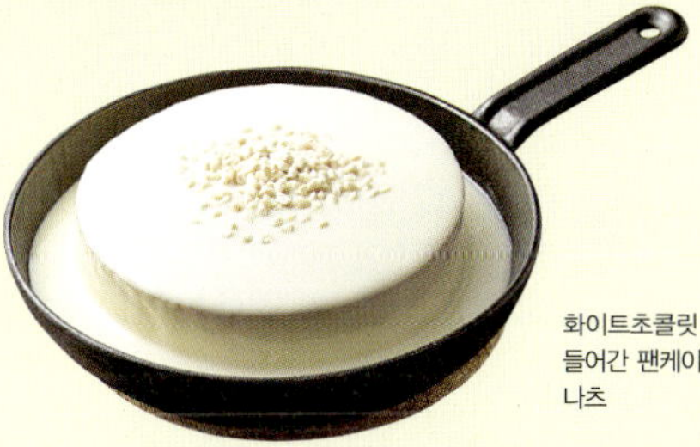

화이트초콜릿 소스가 들어간 팬케이크 나츠나츠

파스타와 달콤한 디저트로 유명

시로노후라이팡 白のフライパン

모든 요리를 프라이팬에 담아내는 이색적인 카페. 2014년 5월에 오픈한 신생 카페지만, 주변 회사원들 사이에서 입소문이 나면서 조금씩 이름을 알리고 있다. 파스타가 메인인데, 팬케이크, 프렌치토스트 등 달콤한 메뉴도 가볍게 즐길 수 있다. 특히, 화이트초콜릿 소스가 들어간 나츠나츠(ナッツナッツ, 850엔)가 여성들에게 인기.

- 지하철 야쿠인역 1번 출구에서 도보 5분
- 福岡市中央区薬院1-6-5 ホワイティ薬院1F
- 11:00~23:00(월요일 휴무)
- +8192-791-7906

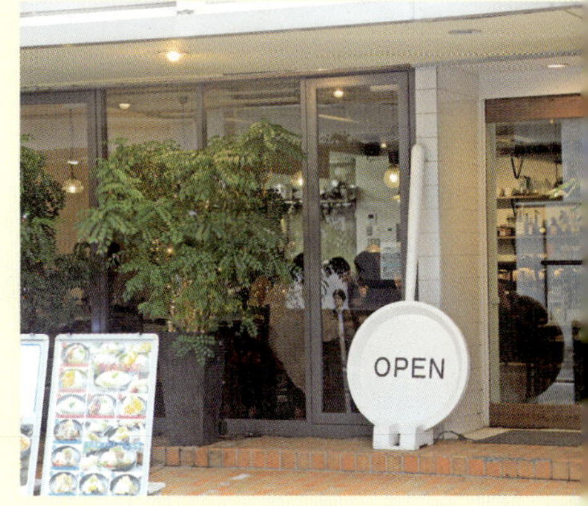

후쿠오카 일상 산책

느릿느릿 후쿠오카의
뒷골목 풍경을 둘러보자.

이마이즈미 골목길 산책

후쿠오카 최고의 번화가는 말할 것도 없이 덴진이다. 다이마루, 미츠코시, 이와타야, 파르코, 솔라리아 플라자 등 대형 백화점과 쇼핑몰, 애플스토어를 비롯한 플래그십 스토어까지 모두 이곳에 모여 있다. 하지만, 도심의 번잡함을 떠나 조용히 산책을 하면서 아기자기한 맛집과 숍 그리고 일본의 일상적인 풍경을 둘러보고 싶다면 다이묘에서 시작해서 이마이즈미, 야쿠인으로 이어지는 골목길을 걸어보자. 주택가 사이사이에서 전국적으로 유명한 상점과 맛집은 물론, 후쿠오카 패션과 식생활 문화를 견인하는 인기 스폿들을 만나볼 수 있다.

어떻게 둘러볼까?

이와타야 본점 뒤쪽의 덴진니시도리(天神西
通り)를 지나면 바로 다양한 맛집과 아기자
기한 브랜드숍이 들어서 있는 골목길이 시
작된다. 조금 둘러보다가 남쪽으로 발걸음을
돌리면 후쿠오카를 동서로 관통하는 고쿠타
이도로(国体道路)가 나오는데, 그 길을 건너
면 바로 이마이즈미(今泉) 지역이다. 조용한
주택가 사이로 하나둘씩 감각적인 카페와 아
기자기한 자체 브랜드숍, 그리고 레스토랑들
이 들어서면서 '이마이즈미 카페 거리'라는
이름이 붙기도 했지만, 여전히 이곳은 후쿠
오카의 일상을 담고 있는 작은 동네다.

골목길이 복잡하긴 하지만 굳이 지도를 꺼
낼 필요는 없다. 헤매면 헤매는 대로 둘러보
는 맛이 있기 때문이다. 그러다 자기 취향에
맞는 숍을 발견하면 들어가서 구경하고, 또
다시 산책에 나서고. 무심코 지나치면 그만
이지만, 꼼꼼하게 둘러보면 자기만의 확실한
색을 가지고 있는 곳들이 제법 많이 보여 산
책하는 재미가 쏠쏠하다.

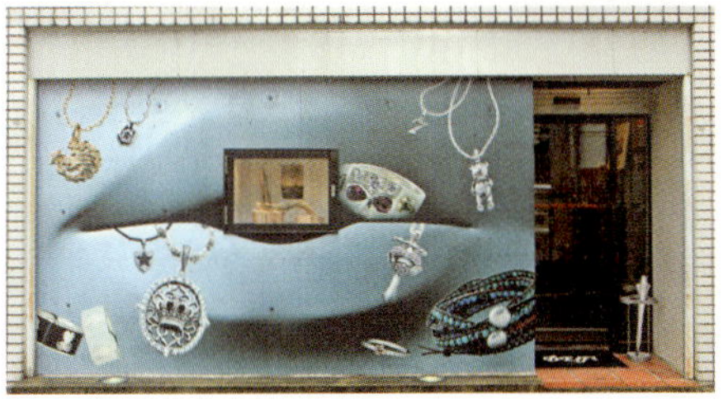

후쿠오카
최고의
스시 만찬

후쿠오카를 대표하는
스시 전문점에서
정통 스시를 맛보다.

야마나카 스시 본점 やま中 本店

1972년에 창업한 유서 깊은 스시 전문점. 현대적인 느낌의 건물은 안도 타다오와 함께 일본을 대표하는 건축가 이소자키 아라타(磯崎新)의 작품이라고 한다. 실내 역시 모던하면서도 정갈한 분위기인데, 건물 크기에 비해 규모가 크지는 않다. 사람들이 가장 많이 주문하는 메뉴는 특상 오마카세니기리(特上おまかせ握り, 5,000엔~)지만, 3종류가 있는 런치 스시 세트 메뉴도 가격 대비 정말 훌륭하다. 중간 가격대인 조니기리(上握り, 2,500엔)만 해도 야마나카의 명성을 알 수 있을 만큼 깊고 화려한 맛을 보여준다. 좌석수가 많지 않기 때문에 예약은 필수. 특히, 주말에는 최소 2, 3일 전에 예약을 해야 할 정도로 붐빈다.

지하철 야쿠인역 1번 출구에서 도보 5분
福岡市中央区渡辺通2-8-8
11:30~21:30
+8192-731-7771

테이블석은 대부분 예약이 끝나있는 경우가 많다.

정갈하게 나오는 기본 세팅

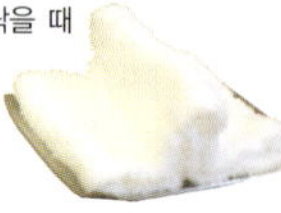

스시를 손으로 먹고 닦을 때
사용하는 물수건

신선한 성게와 연어알을
사용해 만족도가 높은 우
니이쿠라동

야마나카를 이끌어가는 스시 장인 야마나카 셰프

카츠오부시의 풍미가 살아있는 계란찜 차완무시

소징어 씹감이 살아있으면서도 끈적임이 없는 이카스시

부드러운 장어구이와
샤리(초밥)의 조화가
뛰어난 아나고 스시

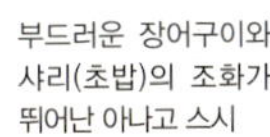

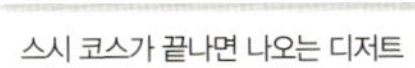

스시 코스가 끝나면 나오는 디저트

타츠미즈시 총본점 たつみ寿司 総本店

야마나카와 함께 후쿠오카 스시의 양대산맥으로 불리는 스시 전문점. 깔끔하고 모던한 건물에 어울리는 창작 스시를 선보이는데, 다른 스시 전문점과 다른 점은 양념된 회를 얹어주기 때문에 따로 간장을 찍어 먹지 않아도 된다는 점. 추천 메뉴는 점심시간에 맛볼 수 있는 세 가지 런치 코스 중 타케코스(竹コース, 3,900엔). 신선한 샐러드와 계란찜, 스시 9점 그리고 디저트가 함께 나오는데, 후쿠오카를 대표하는 스시 전문점으로 손색이 없는 맛을 보여준다. 이곳 역시 주말에는 미리 예약을 해야 기다리지 않고 들어갈 수 있다.

지하철 나카스카와바타역 7번 출구에서 도보 2분
福岡市博多区下川端8-5
11:00～22:00
+8192-263-1661
www.tatsumi-sushi.com

① 좌석은 테이블석과 카운터석이 있다. 셰프에게 스시에 대한 설명을 들으며 즐겁게 먹고 싶다면 카운터석에서 먹으면 된다.
② 개점 직후에도 끊임없이 밑준비를 하는 스시의 장인들

카츠오부시로 맛을 낸 명품 계란찜.
간이 딱 맞고 부드러워 먹으면 입속
에서 그대로 녹아내린다.

카메라가 쑥스럽다는 오다 셰프. 항상 온화한 미소를
짓지만 스시를 쥘 때는 눈빛이 달라진다.

흑마늘과 유자폰즈를 올린 아카미스시

달짝지근한 간장과 식초로
맛을 낸 고등어 초절임 시메
사바스시

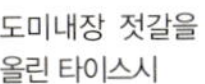

도미내장 젓갈을
올린 타이스시

두툼한 광어회 위에 오키나와산
해초를 얹은 히라메스시

창작 스시 전문점답게 유부초밥
이나리즈시도 멋스럽다.

향긋한 바다내음이 살아
있는 미니 우니이쿠라동

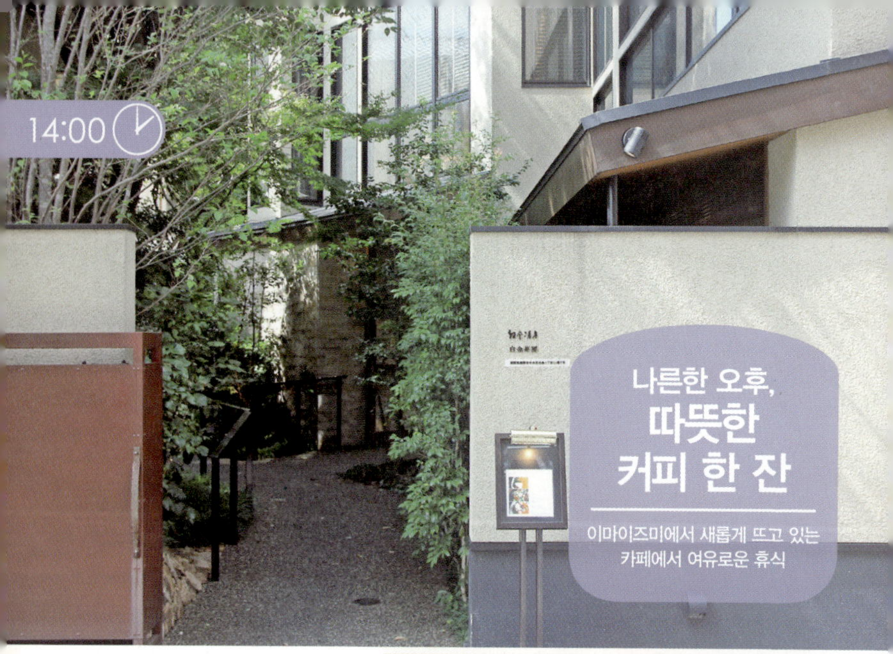

14:00

나른한 오후, **따뜻한 커피 한 잔**

이마이즈미에서 새롭게 뜨고 있는 카페에서 여유로운 휴식

시로가네사보 白金茶房

일명 백금다방이라 불리는 엣지 넘치는 카페. 후쿠오카의 젊은 여성들에게 인기 있는 곳이다. 이마이즈미에서 가장 외곽 지역에 있는 곳이라 찾아가려면 제법 발품을 팔아야 하지만, 오리지널 브랜드 커피(500엔)의 훌륭한 풍미와 바디감을 맛보면 충분히 그 정도 수고는 해야 한다는 생각이 들 것이다. 오후 2시 30분 전에 들른다면 샐러드와 팬케이크, 커피가 세트로 나오는 클래식 브런치(クラシックブランチ, 1,200엔)를 맛보는 것도 좋은 선택.

- 지하철 야쿠인역 2번 출구에서 도보 7분
- 福岡県福岡市中央区白金1-11-7
- 모닝 08:00~10:00(토 · 휴일 전날), 브런치 10:00~14:30, 티타임 15:00~17:00, 디너 17:00~22:00
- +8192-534-2200
- www.s-sabo.com

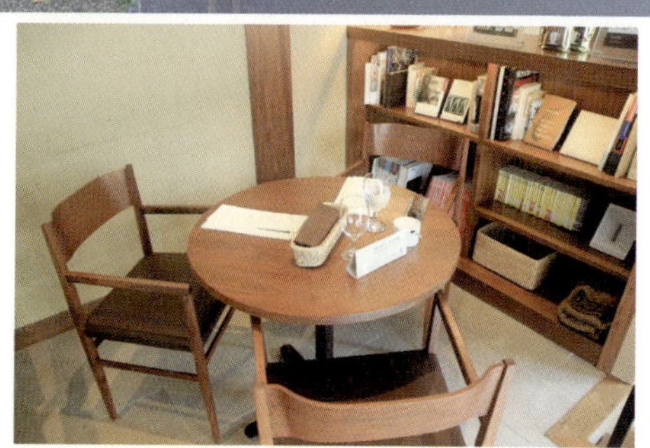

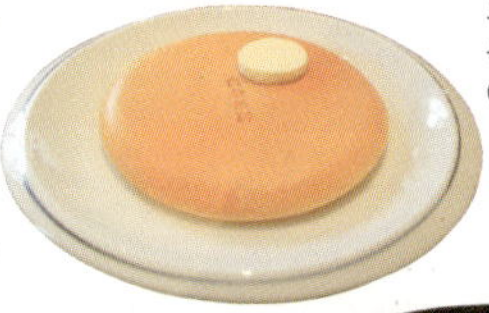

오리지널 팬케이크. 버터를 살짝 녹여 바른 다음 메이플 시럽에 찍어먹으면 정말 맛있다.

친환경 채소로 만든 샐러드. 새콤달콤한 소스가 매력적이다.

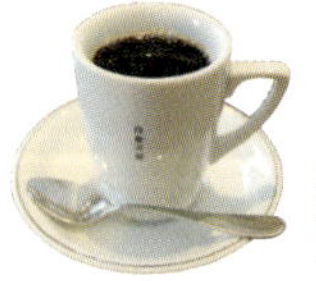

오리지널 브랜드 커피

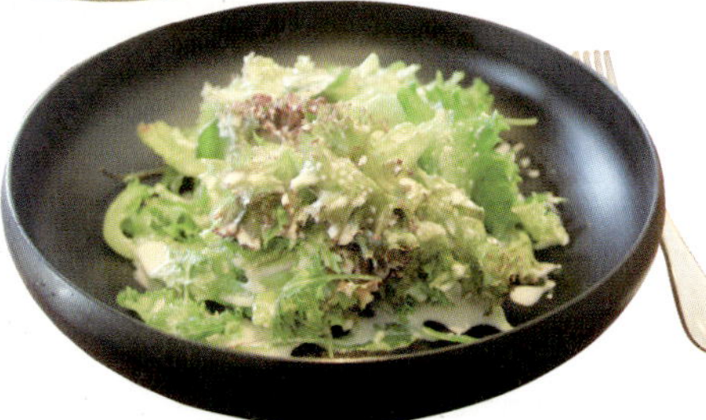

카페 산도 Cafe Xando

이마이즈미 골목길 초입에 있는 독특한 분위기의 카페. 점심시간과 오후에는 런치, 디저트와 커피를 판매하는 카페인데, 저녁에는 식사와 와인 등 주류를 판매하는 바로 변신한다. 실내 규모는 작지만 삼각형 모양의 높은 천장 덕분에 작은 공간에 비해 쾌적한 분위기를 연출한다. 특히, 부드러운 초콜릿 맛이 일품인 퐁당쇼콜라(フォンダンショコラ, 750엔)가 맛있다.

니시테츠 후쿠오카역 남쪽 출구에서 도보 8분
福岡市中央区今泉1-17-17
11:30~17:00 18:00~02:00
+8192-737-9515
http://xando.commuru.com

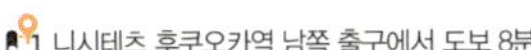

① 5가지 종류의 런치 메뉴 모두 호평이다.
② 아이스크림과 함께 나오는 퐁당 쇼콜라. 따뜻한 온기와 진한 초콜릿 향이 식욕을 자극한다.
③ 깊은 풍미가 느껴지는 카페라떼. 귀여운 라떼 아트를 눈으로 즐기며 마실 수 있다.

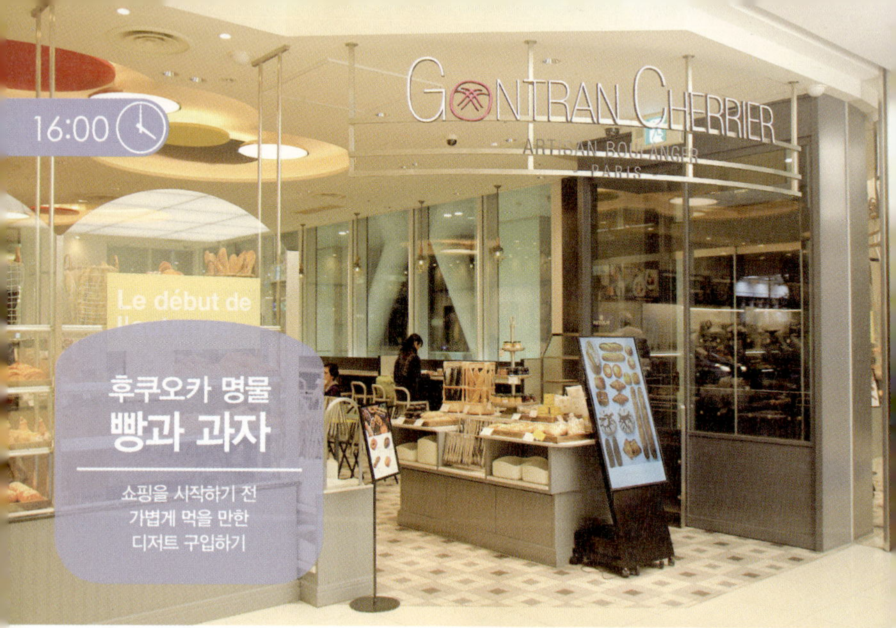

16:00

후쿠오카 명물 빵과 과자

쇼핑을 시작하기 전
가볍게 먹을 만한
디저트 구입하기

곤트란 쉐리에 ゴントランシェリエ

프랑스에서 가장 인기 높은 베이커리 셰프 곤트란 쉐리에가 만든 베이커리. 일본에 있는 곤트란 쉐리에는 프랑스 전통 스타일에 일본 특유의 제조법을 접목시켜 많은 여성들의 지지를 얻고 있다. 친환경적이면서도 고유의 색깔을 유지하고 있는 맛있는 빵들이 많아 빵 마니아들에게도 인기가 높다.

- 지하철 덴진역에서 연결. 파르코 신관 1층
- 福岡市中央区天神2-11-1
- 07:30~21:00
- +8192-235-7454
- www.gontran-cherrier.jp

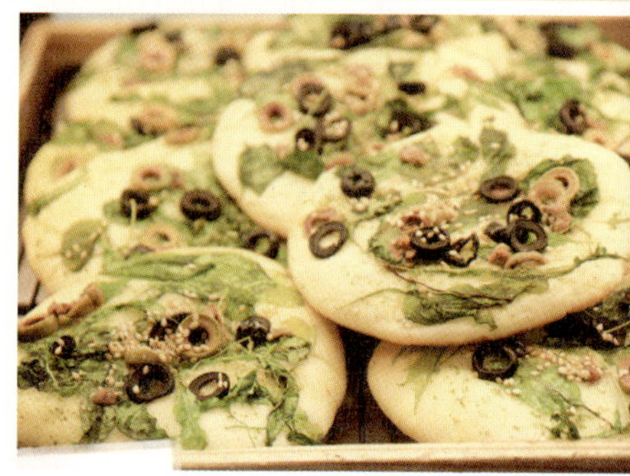

① 바삭바삭한 식감이 매력적인 크로캉(クロッカン, 260엔). 한입 베어 물면 메이플 시럽의 달콤한 향이 입안 가득 퍼진다.
② 프랑스 스타일의 정통 크루아상(180엔). 고소한 맛이 일품

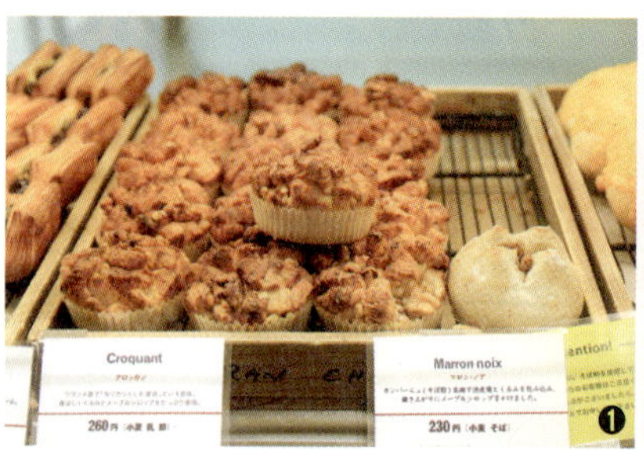

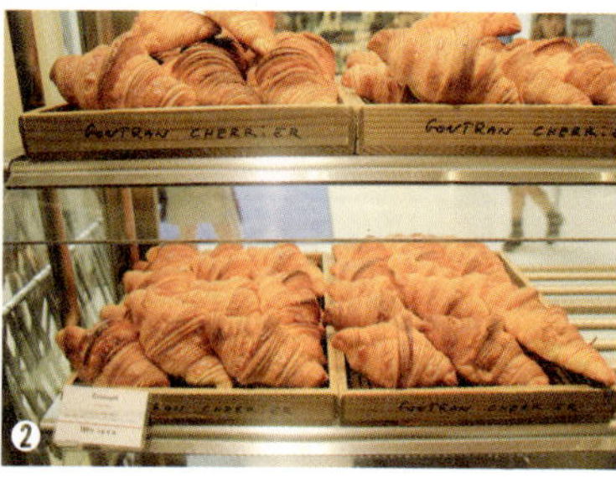

고베야 브레즈 神戸屋ブレッズ

1918년에 창업, 90년이 넘는 오랜 세월 동안 변하지 않는 맛을 유지하며 일본 최고의 베이커리로 자리매김하고 있는 곳. 덴진에 오면 일단 들러봐야 할 빵집 1호이다. 아담한 규모의 매장에는 크루아상, 멜론빵, 고로케, 애플파이, 크림빵, 버터빵 등등 셀 수 없을 정도로 다양한 빵들이 오감을 자극한다.

🛤 지하철 덴진역에서 연결. 파르코 본관 지하 1층
✖ 福岡市中央区天神2-11-1
🕐 07:30~21:00
📞 +8192-235-7133
🏠 www.breads-studio.com

① 고베야 브레즈 인기 넘버원, 후쿠오카 명물 하카타 멘타이코 프랑스(博多明太子フランス, 230엔). 명란젓과 버터빵이 만나 절묘한 맛을 보여준다.
② 고소한 버터빵에 달콤한 시럽을 발라 바삭하게 구워낸 크리스피링(クリスピーリング, 120엔)

주로쿠를 대표하는 과자, 다쿠아즈와 마론파이

다쿠아즈는 선물 세트로도 인기가 높다. 6개 들이 한 세트에 1,200엔

프랑스과자 주로쿠

フランス菓子16区

2007년에 '현대의 명공' 훈장을 받은 미시마 다카오(三嶋隆夫)가 오너 셰프로 있는 과자점. 다쿠아즈를 일본 전국에 알린 사람이 바로 미시마 다카오 셰프인데, 오늘날 다쿠아즈의 형태를 처음으로 만든 장본인이기도 하다. 주로쿠의 최고 인기 품목은 다쿠아즈. 바삭하고 고소한 겉표면은 금세 부드럽고 달콤한 맛으로 바뀌며, 곧이어 캐러멜의 풍미가 살짝 느껴지며 마무리 된다. 가격은 비싸지만 꼭 먹어볼 가치가 있다. 그밖에 마론파이를 비롯 다양한 종류의 디저트도 맛있다.

🛤 지하철 야쿠인 오도리역 2번 출구에서 도보 6분
✖ 福岡市中央区薬院4-20-10
🕐 09:00~20:00(매주 월요일 휴무)
📞 +8192-531-3011
🏠 www.16ku.jp

규슈 최대 규모의
지하상가 산책

없는 게 없는 쇼핑의 보고,
덴진 지하상가를 둘러보자.

덴진 지하상가 天神地下街

와타나베도리 지하를 남북으로 연결하는 상가. 점포
면적은 11,400㎡, 점포수는 150여 개, 보행자 통행량
은 1일 기준 약 40만 명에 달한다. 지하철 덴진역과
덴진미나미역이 지하상가를 통해 연결되며 니시테츠
후쿠오카역, 덴진 고속버스터미널, 아크로스 후쿠오
카, 미츠코시 백화점, 이와타야 백화점 등 덴진의 주
요 건물 대부분이 지하상가를 통해 연결된다.
일반적으로 지하상가라고 하면 싸구려를 파는 다소
지저분한 곳으로 생각하는 경우가 많은데, 덴진 지하
상가는 고급스러운 분위기를 느낄 수 있는 곳이다. 의
류, 인테리어, 액세서리, 카페, 음식점 등 다양한 종류
의 상점들이 중앙 통로를 따라 양쪽으로 빼곡하게 늘
어서 있어 발길 닿는 대로 쇼핑을 즐기면 된다. 저렴
하면서도 유용한 물건을 살 수 있는 곳도 있으므로
여유가 된다면 구석구석 잘 둘러보자.

지하철 덴진역과 덴진미나미역에서 바로 연결
10:00~20:00
+8192-711-1903
www.tenchika.com

① 커피를 비롯하여 다양한 잡화, 식료품을 판매하는 인기 상점, 칼디

② 창업 80년을 훌쩍 넘은 일본의 유명 상표 요시다 가방을 판매하는 인기 숍, 쿠라치카

③ 면세가 되는 상점이 제법 많으니 TAX FREE 표식을 잘 확인하자.

④ 덴진 거리 어디서든 지하도를 통해 상가로 들어갈 수 있다.

⑤ 1949년 1월 10일 창업자 가와하라 토시오(川原俊夫)가 독자적인 제조 방법을 고안해 만들기 시작한 하카타를 대표하는 명란젓 전문점, 후쿠야

명품 햄버거 스테이크와 퓨전 일본 정식

저녁으로 어느 쪽을 선택하더라도
후회가 없는 덴진,
이마이즈미의 넘버원 맛집

키와미야 極味や

최고급 이마리규로 만든 명품 햄버거 스테이크 전문점. 뜨겁게 달군 스톤 위에 고기를 조금씩 떼어내 구워먹는 독특한 발상으로 후쿠오카에서 가장 유명한 맛집이 되었다. 국내에도 같은 스타일의 레스토랑이 들어와 있지만, 오리지널의 참맛을 느끼고 싶다면 여행 중에 꼭 한 번은 들러봐야 한다. 대표 메뉴는 밥과 샐러드, 미소시루, 소프트 아이스크림을 무제한 리필로 먹을 수 있는 햄버거 스테이크 세트. S사이즈 세트 1,230엔, M사이즈 1,430엔, L사이즈 1,730엔, 세 종류가 있으므로 양껏 주문하면 된다. 주말은 물론, 평일에도 식사시간에는 엄청나게 붐비기 때문에 기다리지 않으려면 점심, 저녁 식사시간은 피하는 것이 좋다.

① 따뜻하게 데운 돌판에 잘 다진 소고기와 소스, 그리고 고기를 구울 스톤을 세팅해준다.
② 모두 자리에서 직접 조리를 하기 때문에, 연기와 소음이 가득가득. 실내 분위기는 몹시 어수선하다. 테이블석이 없는 것도 아쉬운 부분
③ 식사시간에는 2, 30명 가까운 대기자들이 생기기 때문에, 팻말을 설치하여 마지막 줄이 어디인지 헷갈리지 않도록 배려하고 있다.
④ 샐러드는 그럭저럭 평균적인 맛
⑤ 디저트로 나오는 소프트 아이스크림이 의외로 맛있다. 먹고 싶은 만큼 리필 가능

니시테쓰 후쿠오카역에서 바로. 후쿠오카 파르코 지하 1층
福岡市中央区天神2-11-1 福岡パルコ B1F
11:00～23:00
+8192-235-7124
www.kiwamiya.com

피쉬맨 フィッシュマ

이마이즈미에서 가장 핫한 음식점 중 하나. 'No Fish, No Life'라는 슬로건처럼 생선 요리가 주력이긴 하지만 그밖에도 다양한 종류의 퓨전 일본 정식을 맛볼 수 있다. 특히, 양이 많은 사람이라면 조금 일찍 가서 평일 10개 한정인 엄청난 크기의 돈부리에 도전해보는 것도 좋겠다. 추천 메뉴는 마구로레어 함바그 정식(まぐろのレアトロハンバーグ定食, 1,000엔). 매일 메뉴가 바뀌는 히가와리정식(日替わり定食, 880엔)도 가격 대비 훌륭하다. 참고로 식사메뉴 가격에 100엔만 추가하면 디저트를 먹을 수 있다.

지하철 야쿠인역 북쪽 출구에서 도보 8분
福岡市中央区今泉1-4-23
11:30〜15:00, 17:30〜01:00
+8192-717-3571
www.m-and-co.net/fishman

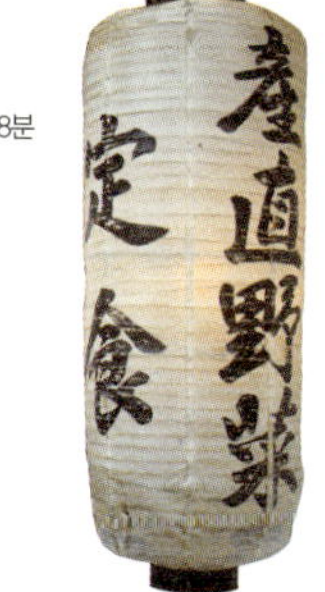

① 사유롭게 먹을 수 있는 밑반찬과 계란
② 반찬으로 은근 잘 어울리는 신선한 샐러드와 곤약 조림

인기 메뉴인 마구로레어 함바그정식. 참치 햄버거를, 계란 노른자와 함께 프라이팬에 담겨 있는 짭짤 달콤한 소스에 찍어먹는 맛이 일품이다.

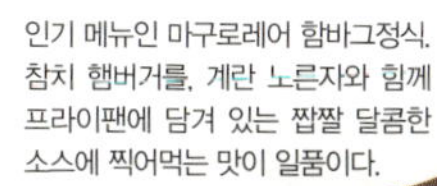

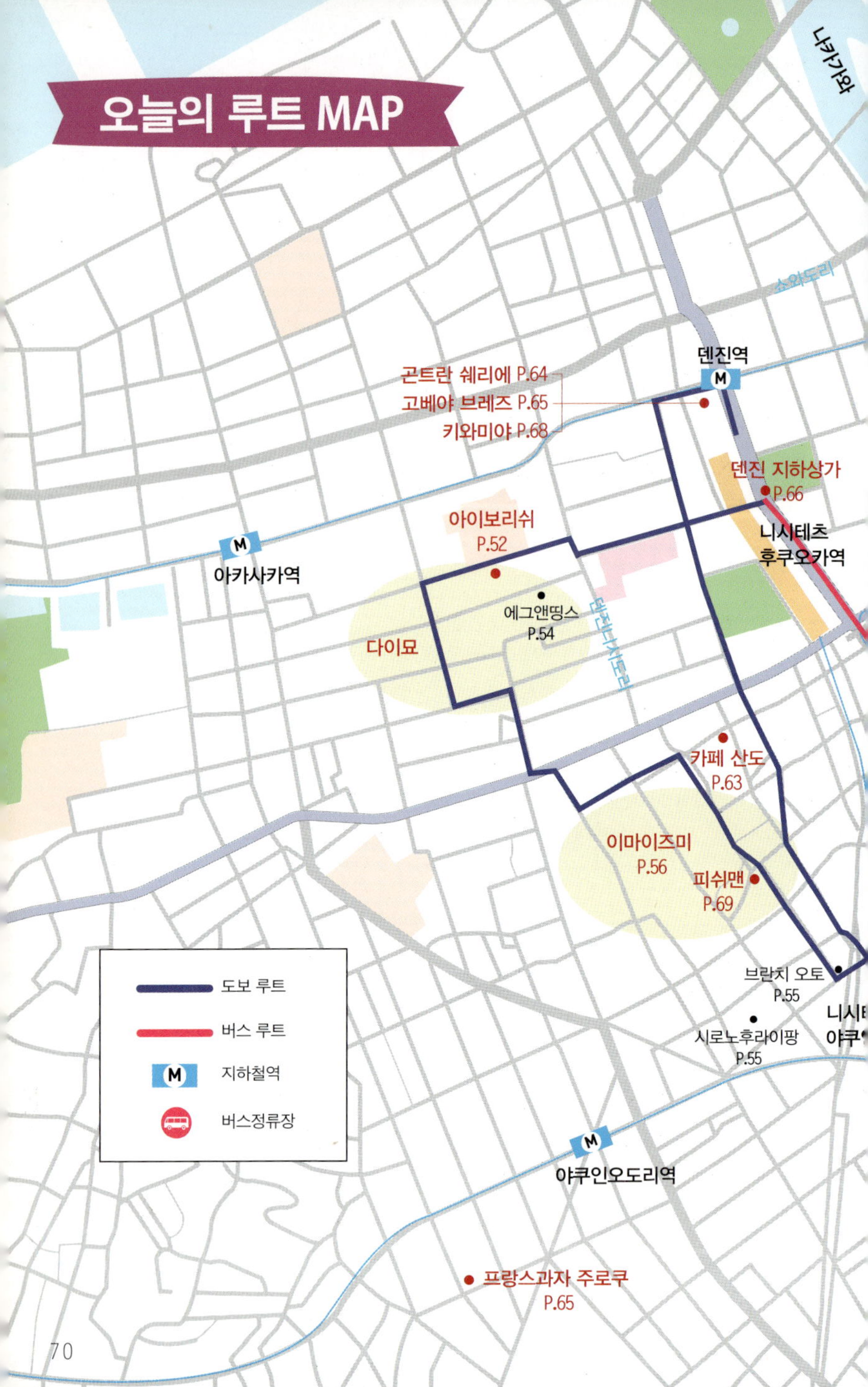

오늘의 루트 MAP
나카가와
소와도리
덴진역
M
곤트란 쉐리에 P.64
고베야 브레즈 P.65
키와미야 P.68
덴진 지하상가
P.66
니시테츠
후쿠오카역
아이보리쉬
P.52
아카사카역
M
에그앤띵스
P.54
덴진니시도리
다이묘
카페 산도
P.63
이마이즈미
P.56
피쉬맨
P.69
브란치 오토
P.55
니시테
야쿠인
시로노후라이팡
P.55
도보 루트
버스 루트
M 지하철역
버스정류장
야쿠인오도리역
M
프랑스과자 주로쿠
P.65

타츠미즈시 총본점
P.60
나카스카와바타역
기온역
고쿠타이도로
미나미역
라쿠스이엔
P.50
START
스미요시진자
p.48
스미요시
와타나베도리역
와타나베도리
나카강
스미요시도리
야마나카 스시 본점
P.58
시로가네사보
P.62
스미요시진자와 라쿠스이엔을 둘러본 후 덴진으로 이동할 때는 버스를 이용하도록 하자. 100엔 버스를 비롯해서 많은 버스가 덴진으로 가기 때문에 기다릴 염려는 없다. 버스 상단에 있는 행선지 표시에 덴진(天神)이라는 단어가 보이면 바로 승차한다. 어떤 버스든 요금은 100엔이므로 부담 없이 이용할 수 있다.

후쿠오카 5대 명물 음식

어느 곳이든지 음식은 그 지역 문화를 대변하는 상징성을 가지고 있다. 후쿠오카 여행을 조금 더 즐기기 위해서는 그들의 음식 문화를 자연스럽게 이해하고 접해보는 기회를 가지는 것이 좋을 것이다.

후쿠오카를 대표하는 명물 음식은 여러 가지가 있지만 그중에서 우리에게 가장 잘 알려진 것은 바로 뿌옇고 진한 국물 맛으로 유명한 하카타 돈코츠 라멘(博多豚骨ラーメン)일 것이다. 처음 맛보는 사람이라면 다소 느끼하다고 생각할 수 있는 맛이지만, 한 번 길들여지면 계속 생각나는 마성을 가지고 있다. 처음부터 토박이들이 애용하는 라멘 전문점을 가는 것은 금물. 맛의 대중화를 도모하여 거대 체인점으로 거듭난 이치란에서 먼저 수행을 하는 것이 좋다. 국물맛, 면발 등을 모두 자기 취향대로 조절할 수 있기 때문에 초심자들에겐 안성맞춤이다. 어느 정도 돈코츠 국물에 익숙해진 후에는 잇푸도, 잇소우, 잇코샤 순으로 맛의 영역을 넓혀 가면 된다.

하카타 돈코츠 라멘을 먹을 때 빼놓을 수 없는 한 가지 메뉴가 있다. 한 입에 쏙 들어가는 미니 사이즈의 군만두, 하카타 히토구치교자(博多一口ぎょうざ). 바삭거리는 만두피의 고소함에 빠지는 것도 잠시, 이내 부드러운 육즙이 흘러나오면서 매력적인 맛의 하모니가 완성된다. 후쿠오카의 라멘 전문점이라면 대부분 메뉴에 있으므로 쉽게 맛볼 수 있다는 것도 장점이다.

후쿠오카에서 하카타 돈코츠 라멘의 걸쭉한 맛과 견줄 수 있는 음식이 뭐냐고 묻는다면 무조건 모츠나베(もつ鍋)를 추천할 것이다. 된장 또는 간장을 베이스로 곱창과 각종 채소를 올려내 끓여먹는 곱창전골인데, 잡내가 전혀 나지 않는 깔끔한 맛이라 처음 먹는 사람들도 쉽게 먹을 수 있다.

후쿠오카 여행을 다니다 보면 백화점, 쇼핑몰, 음식점, 선물가게, 심지어 빵집까지 카라시멘타이코(辛子明太子, 명란젓)가 없는 곳이 없다. 항구 도시인 만큼 신선하고 맛있는 해산물을 어디에서든지 맛볼 수 있는데, 특히, 후쿠오카 특산품인 카라시멘타이코는 일본 최고의 품질을 자랑한다.

마지막으로 후쿠오카에서만 맛볼 수 있는 명물 음식으로 미즈타키(水炊き)를 꼽을 수 있다. 100년의 역사를 가지고 있는 향토 요리로 우리나라의 영계백숙과 비슷하다.

DAY 3
낭만 레트로 여행
기타큐슈 산책
후쿠오카 도심 여행에 지친 사람들을 위한 근교 여행 코스

골라 먹는 재미가 있는 명물 에키벤

지역 특산품이 모여 있는 맛있는 도시락 만찬 즐기기

에키벤토 駅弁当

일 포노 델 미뇽, 우에시마 커피와 함께 하카타 역에서 꼭 들러야 하는 명물 에키벤 전문점. 에키벤이란 에키(역)와 벤토(도시락)의 합성어로 신조어를 잘 만들어내는 일본인들의 문화가 그대로 드러나 있는 단어이다. 도시락 왕국 일본에는 수많은 도시락들이 있지만, 그중에서도 지역 특산품과의 조화가 일품인 에키벤은 도시락 계의 정점에 있다고 해도 과언이 아닐 것이다. 규슈에는 하카타역, 나가사키역, 구마모토역, 벳푸역 등 지역별로 유명한 에키벤이 있는데, 특히 하카타역 에키벤토에는 그 모든 지역 명물 에키벤들이 70종 가까이 진열대 위에 빼곡하게 늘어서 있다. 다만, 하카타역은 여행자들이 가장 많이 모이는 역이기 때문에 늦어도 오전 9시 전에는 가야 인기 있는 에키벤을 구입할 수 있다.

JR 하카타역 중앙출구 앞
福岡市博多区博多駅中央街1-1
06:00~22:00
+8192-452-5777

① 가장 많이 판매된 에키벤은 음식 모형 앞에 인기 넘버원 스티커를 붙여둔다. 순위는 매주 바뀐다.

② 음료수를 준비하지 못했다면 함께 구입하는 것이 좋다. 편의점이나 자판기보다는 조금 싼 편.

③ 뒤편에서는 에키벤과 함께 먹을 수 있는 밑반찬을 판매한다.

④ 고쿠라행 특급열차 소닉에서 맛보는 인기 에키벤 나가사키카이도벤토(長崎街道弁当, 930엔)

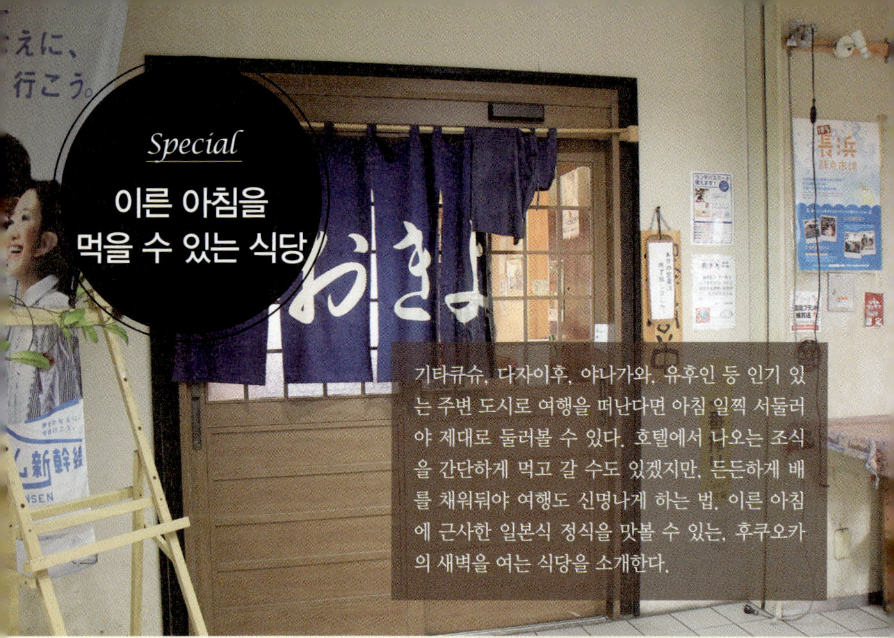

Special

이른 아침을 먹을 수 있는 식당

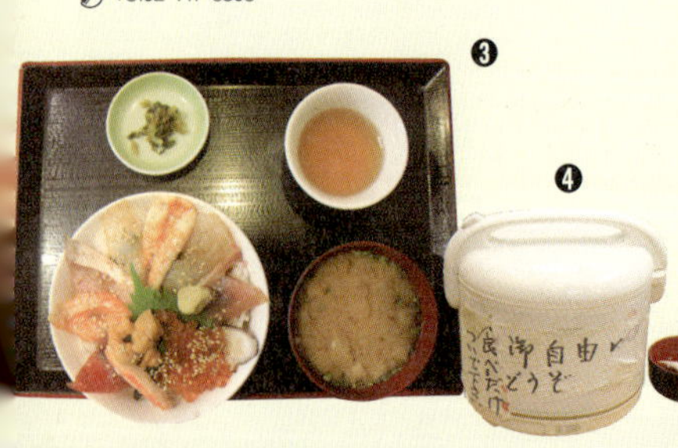

기타큐슈, 다자이후, 야나가와, 유후인 등 인기 있는 주변 도시로 여행을 떠난다면 아침 일찍 서둘러야 제대로 둘러볼 수 있다. 호텔에서 나오는 조식을 간단하게 먹고 갈 수도 있겠지만, 든든하게 배를 채워둬야 여행도 신명나게 하는 법. 이른 아침에 근사한 일본식 정식을 맛볼 수 있는, 후쿠오카의 새벽을 여는 식당을 소개한다.

오키요 식당 おきよ食堂

후쿠오카의 수산시장 바로 옆에 있는 시장회관에 자리 잡고 있는 오키요 식당. 이른 아침 새벽을 여는 사람들을 위해 문을 여는 몇 안 되는 음식점이다. 실내 분위기는 다소 어수선하지만, 새벽에 들어온 신선한 해산물로 만든 회, 튀김 등을 저렴한 가격으로 맛볼 수 있어 주변 현지인들이 즐겨 찾는다. 인기 메뉴는 신선하면서도 두툼한 회가 올라간 카이센동(海鮮丼, 1,750엔)으로 가격이 제법 나가지만, 그만큼의 가치가 있다. 가벼운 아침 식사로는 가격대비 맛이 뛰어난 다양한 정식(600엔~)을 추천한다.

- 지하철 아카사카역 3번 출구에서 도보 8분
- 福岡市中央区長浜3-11-3 市場会館 1F
- 06:00~14:00(일요일 11:00~), 18:00~22:00(둘째 일요일 휴무)
- +8192-711-6303

①

②

③

④

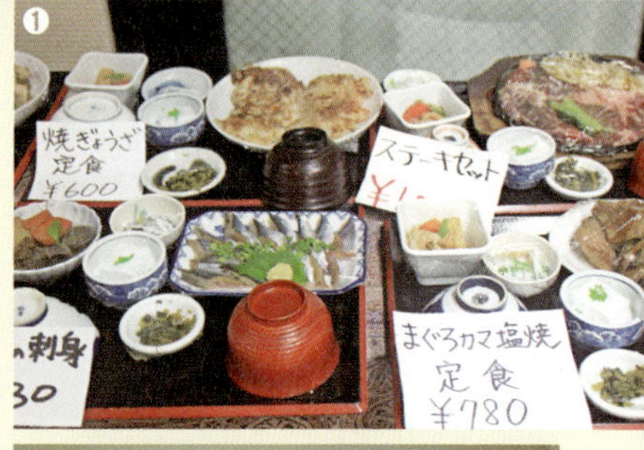

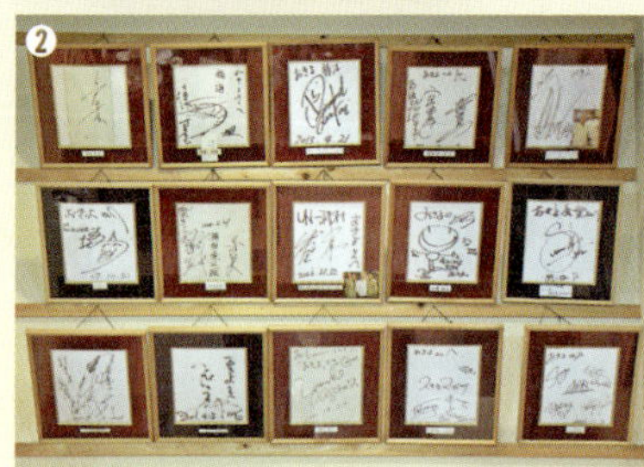

① 어떤 음식을 먹을지 식당 앞에 있는 실물 메뉴를 보고 고르면 된다.
② 벽면을 가득 메운 유명 인사들의 사인지
③ 오키요 식당 인기 넘버원 메뉴인 카이센동
④ 밥은 무제한 리필이 가능하다. 먹고 싶은 만큼 자유롭게 밥그릇을 가지고 가서 담으면 된다.

입구에 사진 메뉴판이 있어 미리 선택하고 들어가면 시간을 절약할 수 있다.

조이풀 Joyfull

24시간 운영, 합리적인 가격, 맛있는 정식으로 인기를 끌고 있는 체인 레스토랑. 요시노야, 마츠야처럼 전국적으로 수많은 점포를 가지고 있는 거대 체인점이지만, 맛과 분위기는 훨씬 뛰어나다. 특히, 니시테츠 후쿠오카역과 덴진 고속버스터미널 바로 옆에 있어 주변 도시로 이동을 하기 전에 들르면 좋다.

니시테츠 후쿠오카역에서 도보 1분
福岡市中央区天神2-2-66
24시간
092-731-8855
www.joyfull.co.jp

고쿠라역 주변
산책하기

고쿠라역의
주변 쇼핑몰을 둘러보고
간식 구입하기

고쿠라역 小倉駅

고쿠라역은 JR 규슈와 JR 니시니혼, 그리고 모노레일역이 모여 있는 기타큐슈의 중심역으로, 행정구역상 후쿠오카현 기타큐슈시 고쿠라 북구에 해당한다. 역 주변은 기타큐슈에서 가장 번화한 도심 지역으로 오피스 빌딩과 쇼핑시설이 집중되어 있다. 특히, 도보 거리에 아뮤 플라자나 아루아루시티 등 다양한 전문점이 밀집한 쇼핑몰이 모여 있어 한두 시간 쇼핑 여행을 즐기기에 부족함이 없다.

① JR 출구에서 나오면 바로 앞에 모노레일 승강장이 있다. 탄가시장을 둘러보고 고쿠라역으로 돌아올 때 이용하면 좋다. 1회 이용 요금은 100엔.
② 고쿠라역과 연결되어 있는 아뮤 플라자. 부담 없이 구입할 수 있는 중저가 브랜드가 많아 잠깐 둘러보기에 좋다.

시로야 シロヤ

50년 전통을 자랑하는 고쿠라의 명물 베이커리. 실내 매장이 없는, 도매상 분위기의 오픈된 가게에는 팥도넛, 카레빵, 크림빵, 치즈빵, 프랑스빵 등 여느 동네 빵집에서 볼 수 있는 정겨운 빵들이 진열되어 있어 지나가는 사람들의 발걸음을 멈추게 한다. 그중에서 시로야를 대표하는 빵은 사니빵(サニーパン, 90엔). 프랑스빵 안에 연유가 들어 있어 달콤한 맛이 일품이다. 빵 가격이 저렴한 편이라 여행을 시작하기 전에 부담 없이 간식거리로 구입하면 좋다.

JR 고쿠라역에서 도보 2분
北九州市小倉北区京町2-6-14
07:00~20:00
+8193-521-4688

① 시로야 인기 넘버원 사니빵. 겉은 투박하지만 한 입 베어 물면 육즙처럼 흘러나오는 달콤한 연유 시럽이 일품이다.
② 오랜 세월의 흔적을 보여주는 낡은 진열대. 시로야의 인기 비결은 화려한 인테리어가 아니라 변하지 않는 빵맛이다.

기타큐슈 최고의
쇼핑몰 산책

강변 산책과 쇼핑의 즐거움을
함께 느낄 수 있는 곳

리버워크 기타큐슈

リバーウォーク北九州

2003년 4월 19일에 오픈한 리버워크는 고쿠라의 중심가를 가로지르는 강변에 세워진 대규모 쇼핑몰이다. 후쿠오카의 캐널시티 하카타를 건축한 존 쟈디(Jon Jerde)가 설계하여 화제가 되기도 했는데, 곡선과 원형을 과감하게 채용한 독특한 디자인이 특징이다. 건물 내부는 미디어(Media), 시네마(Cinema), 컬처(Culture), 에듀케이션(Education), 패션(Fashion), 구루메(Gourmet)의 다섯 가지 콘셉트로 구성된 다양한 스폿들이 모여 있는데, 멋진 디자인과 효율적인 공간 구성이 매력적이다. 굳이 쇼핑을 하지 않더라도 걷는 재미가 있어 산책 코스로도 훌륭하다.

📍 JR 고쿠라역에서 도보 10분
✉ 北九州市小倉北区室町1-1-1
🕐 10:00~21:00(레스토랑 11:00~23:00)
☎ +8193-573-1500
🏠 www.riverwalk.co.jp

①

① 규모는 작지만 아기자기한 맛이 있는 분수쇼. 매 시 정각에 실시한다.
② 고쿠라성과는 해자를 사이에 두고 있어 과거와 현재가 공존하는 이색적인 분위기를 연출한다.
③ 자연 채광을 적절하게 이용하는 건축으로 실내에서도 부드러운 빛을 받으며 산책을 즐길 수 있다.

기타큐슈의 상징
고쿠라성 둘러보기

파란만장한 중세 일본의
성곽 문화를 엿보다

고쿠라성 小倉城

1600년 10월 21일에 일어난 세키가하라 전투에서 공을 세운 후 논공행상을 통해 고쿠라 지역을 접수한 호소카와 다다오키(細川忠興)가 1609년에 축성한 성이다. 이후 1866년 제 2차 조슈 정벌 당시 전란으로 소실되었고, 메이지 유신 이후에는 일본 육군의 포병부대 기지로 사용되어오다 1959년 고쿠라 시민들의 노력에 힘입어 철근 콘크리트 구조로 텐슈카쿠를 복원해 오늘에 이르고 있다. 현재 역사자료관(요금 350엔)으로 사용되고 있는 텐슈카쿠의 1층에서는 첨단기술을 이용한 미니어처로 재현한 고쿠라성과 옛 마을 풍경을 볼 수 있고, 2층에서는 에도시대의 무사들이 회의하는 모습 등 당시 무사들의 생활상을 엿볼 수 있다. 3층에는 메이지시대에 유행했던 가라쿠리 인형에 대한 설명과 더불어 당시 서민들의 생활상을 전시하고 있다. 특이한 점은 자료관 내에 일본에서 인기 있는 미야모토 무사시와 관련한 전시물이 많다는 것이다. 대단한 볼거리는 아니지만, 일본의 성곽 문화를 이해하고 즐기는 데 많은 도움이 되니 한 번은 들러보는 것이 좋겠다.

📍 JR 고쿠라역에서 도보 15분
✉ 北九州市小倉北区城内2-1
🕐 09:00～18:00(11～3월 ～17:00)
📞 +8193-561-1210
🌐 www.kid.ne.jp/kokurajou

고쿠라성의 정문인 오오테몬(大手門). 다른 석벽과 달리 거대한 돌을
사용한 것이 특징이다.

① 전란으로 소실된 케야키몬(欅門)의 흔적. 지금은 비석만 덩그러
니 남아 있다.

② 석벽은 가공하지 않은 원석을 그대로 쌓아올린 노즈라즈미(野
面積み) 공법을 사용했는데, 모서리 부분만 각 지게 가공하여 우치
코미(打ち込み, 박아넣기) 공법을 사용했다. 수많은 지진에도 끄떡
없이 버틴 것을 보면 엄청난 공력을 기울였을 것이다.

③ 텐슈카쿠로 오르는 야트막한 언덕길. 녹음이 우거져 여름에도
시원하게 산책을 할 수 있다.

④ 텐큐카쿠 바로 앞에는 싱그러운 바람을 쐬며 잠시 쉬어갈 수 있
는 벤치가 있다. 테이블이 있어서 간식거리를 먹기에 적당하다.

일본 전통
재래시장 둘러보기

맛있는 식재료로
가득한 탄가시장 먹방 산책

탄가시장 명물 맛집

탄가우동 旦過うどん

많은 여행자들에게 진정한 오뎅의 맛을 전파한 탄가시장의 명물 맛집. 그런데, 탄가우동이라는 가게 이름이 살짝 무색하게 이곳의 인기 메뉴는 오뎅이다. 입구에서 보글보글 끓고 있는 오뎅들 중에서 먹고 싶은 것을 골라 주문을 하면 되는데, 기본적인 오뎅 외에 인기 높은 종류는 모치이리 킨차쿠(餅入り巾着, 유부주머니), 타마고(玉子, 계란), 다이콘(大根, 무) 등이다. 가격은 하나에 120~130엔. 식사까지 겸하려면 우동이나 정식을 시켜먹으면 된다.

🕐 11:30~18:30
☎ +8193-521-5226

고보텐우동(ごぼう天うどん, 560엔). 시원하면서도 깊이 있는 국물 맛이 훌륭하다.

맛있는 오뎅이 한가득 담겨 있는 오뎅 냄비

탄가시장 旦過市場

일본의 전형적인 재래시장의 면모를 볼 수 있는 탄가시장은 타이쇼시대 (1912~1926)에 형성된 역사와 전통을 자랑하는 고쿠라 최대 규모의 시장이다. 바다와 인접해 있어 해산물 위주의 식재료들이 많은데, 여행자들에게 탄가시장이란 맛있는 먹거리들이 많은 시장으로 기억되는 곳이다. 오뎅이 맛있기로 유명한 탄가우동, 취향대로 골라먹는 재미가 있는 다이가쿠도 등 입이 궁금할 때 찾아가면 좋은 맛집도 포진하고 있어 먹방 여행을 즐기기에 안성맞춤이다.

JR 고쿠라역에서 도보 10분
北九州市小倉北区魚町4-2-18
09:00~18:00(상점에 따라 다름)
http://tangaichiba.jp

탄가시장 다이가쿠도 旦過市場 大學堂

탄가우동과 함께 탄가시장을 대표하는 맛집. 단, 음식을 직접 판매하지는 않고 밥과 장소만 제공하는 독특한 시스템으로 운영한다. 먼저 밥을 구입한 후에 시장을 둘러보면서 원하는 반찬들을 구입한 후 가게로 가져와서 덮밥처럼 먹으면 된다. 식사를 할 수 있는 공간은 있지만, 다이가쿠도에서는 밥만 판매한다. 밥 가격은 소 100엔, 중 150엔, 대 200엔이고 차와 간장 등은 다이가쿠도 안에 준비되어 있다. 자기가 좋아하는 반찬으로 식사를 할 수 있고 재래시장을 둘러보는 재미도 있어 많은 여행자들이 찾고 있다.

10:00~17:00(수요일, 일요일 휴무)
+8180-6458-1184

7, 80년대 복고 분위기의 예스러운 실내. 사람이 많을 때는 옹기종기 합석을 해야 한다.

고쿠라 최고의
명물 식당

신선한 해산물 요리로
오감을 만족시키는 점심시간

탄가쇼쿠도 쿠라 たんが食堂 空

신선한 해산물 요리를 저렴하게 맛볼 수 있는
고쿠라의 명물 식당. 날마다 최고의 식재료로
음식을 만들어야 한다는 주인의 장인정신 덕분
에 언제 방문하든 신선한 해산물을 맛볼 수 있
다는 것이 매력적이다. 손님들이 대부분 현지
인이라 다소 어색한 분위기이고, 테이블이 4개
밖에 없어서 합석도 비일비재하지만, 일단 음식
맛을 보면 그런 불편한 사항들은 머릿속에서 사
라지고 만다. 인기 메뉴는 두툼한 회를 듬뿍 담
아주는 마카나이카이센동(まかない海鮮丼).
워낙 회가 신선해서 간장 양념만으로 재료의 맛
을 극상으로 끌어낸다.

📍 JR 고쿠라역에서 도보 10분
🍴 北九州市小倉北区魚町4-4-8
🕐 11:40〜14:00, 18:00〜21:00(일요일, 휴일 휴무)
📞 +8193-521-0810

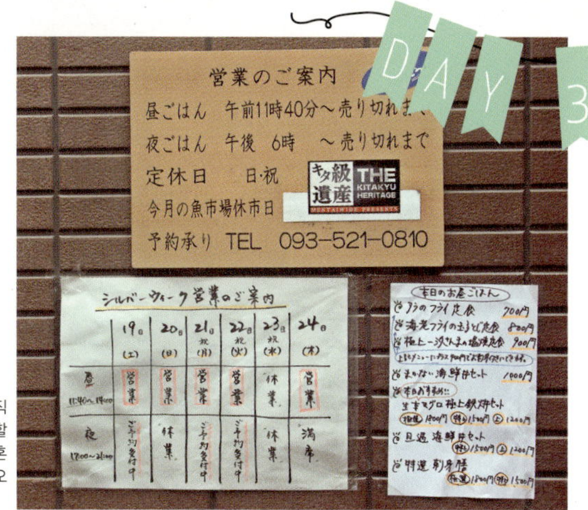

날마다 가게 입구에 오늘의 메뉴를 직접 써서 붙여두기 때문에 메뉴를 정할 때 참고하도록 하자. 잘 모르겠으면 혼지츠노오스스메(本日のおすすめ, 오늘의 추천)를 고르면 된다.

① 당일 아침에 들여온 싱싱한 회를 듬뿍 담아내는 회덮밥, 마카나이카이센동(まかない海鮮丼, 1,200엔)

② 함께 나오는 밑반찬들도 맛깔스럽다. 심심하게 졸인 무와 두부는 맛이 깔끔하다.

③ 주방장이 엄선한 9종류의 신선한 회가 함께 나오는 특선 사시미젠(特選刺身膳, 1,800엔)

애니메이션에 대한 **모든 것**

일본 최대 규모의
애니메이션 쇼핑몰 구경하기

아루아루시티 あるあるCity

만화, 애니메이션, 게임 등 서브컬처의 모든 것이 모여 있는 초대형 쇼핑몰. 과거 엄청난 인기를 끌었던 〈은하철도 999〉의 작가 마츠모토 레이지(松本零士) 씨가 명예 관장으로 있는 만화뮤지엄을 비롯해서, 만다라케, 애니메이트 등 수많은 전문점들이 들어서 있어 제대로 구경하려면 반나절은 잡아야 하는 곳이다. 또한, 연간 500회가 넘는 이벤트를 펼치고 있어 언제 가든 재미있는 볼거리를 만나볼 수 있는데, 특히, 매년 가을에 실시하는 팝컬처 페스티벌은 방문자가 무려 17만 명에 이를 정도로 엄청난 인기를 끌고 있다.

JR 고쿠라역 신칸센 출구에서 도보 3분
北九州市小倉北区浅野2-14-5
11:00～20:00
+8193-512-9566
http://aruarucity.com

추억의 만화 〈루팡 3세〉의
지겐 다이스케와 루팡

만화를 좋아하는 독자들이
많이 오는 곳이라 그런지
대충 그린 그림에서도 내
공이 느껴진다.

곳곳에 자리 잡고 있는 인형
뽑기. 집게발이 튼튼한 편이라
조정만 잘 하면 한두 개는 뽑
을 수 있다.

뛰어난 퀄리티의 피규어들이 많다.
〈원피스〉의 루피와 샹크스

모지코 레트로 산책하기

과거와 현재가 공존하는
낭만적인 도시를 걸어보자

모지코 레트로

모지코 레트로(門司港レトロ)는 특정 건물을 지칭하는 것이 아니라 JR 모지코역을 중심으로 한 모지코 일대의 경관지구 전체를 가리킨다. '회고적'이라는 뜻을 지닌 영어 단어 'Retrospective'의 약자인 레트로(Retro)에서 알 수 있듯 모지코 일대에는 국제 무역항으로 번영했던 시절에 지은 20채 이상의 서양식 건물이 잘 보존되어 있어 과거와 현재가 공존하는 묘한 분위기가 느껴진다. 2003년에는 NHK에서 방영한 대하드라마 〈무사시 MUSASHI〉의 인기를 업고 연간 255만 명의 여행객이 다녀가기도 했다.

영화 속 세트장 같은 복고풍 건물을 배경으로 멋진 사진을 찍고, 바다를 배경으로 산책을 즐기며 2~3시간 정도 머무르기에 안성맞춤인 곳이다.

모지코 레트로 산책 코스

JR 모지코역 ➡ (도보 1분) ➡ 구 모지 미츠이쿠라부 ➡ (도보 1분) ➡ 구 오사카쇼센 ➡ (도보 2분) ➡ 블루윙 모지 ➡ (도보 2분) ➡ 구 모지세관 ➡ (도보 1분) ➡ 국제우호기념도서관 ➡ (도보 1분) ➡ 모지코 레트로 전망실 ➡ (도보 3분) ➡ 카이쿄플라자

TIP

JR 모지코역

1914년에 지어진, 규슈에서 가장 오래된 철도역인 모지코역은 고풍스러운 역사 덕분에 기타큐슈를 대표하는 건축물이자 볼거리였다. 하지만, 목조 건물인 탓에 노후화의 문제점은 피해갈 수 없었다. 철도역으로서는 보기 드문 국가 중요문화재였기에 일본 정부에서 유지보수 공사를 단행, 2018년 3월까지는 안타깝게도 멋진 모습을 볼 수가 없다.

95년 전통의 서양식 건물 관람
구 모지 미츠이쿠라부 旧門司 三井倶楽部

1921년에 미츠이 물산이 귀빈들을 영접하려고 지은 사교 클럽
으로 원래 다른 장소에 있던 건물을 이곳으로 이전 복원한 것이
다. 2층 목조 건물로 1층에는 레스토랑, 2층에는 아인슈타인 부
부의 메모리얼룸과 소설가 하야시 후미코(林芙美子)의 자료실
이 있다. 내부는 자유롭게 둘러볼 수 있지만 2층은 요금을 내야
한다. 생뚱맞게 이곳에 아인슈타인 부부의 메모리얼 룸이 있는
이유는 1922년 11월 17일 강연차 일본을 방문한 아인슈타인 부
부가 여기에서 숙박을 한 적이 있기 때문이다.

- JR 모지코역에서 도보 3분
- 北九州市門司区港町7-1
- 09:00~17:00(연말연시 휴무)
- +8193-321-4151
- www.mitsui-club.com

1층에는 모지코의 명물 야키카레를 비롯해서 오
무라이스, 스테이크 등을 판매하는 레스토랑이
있다.

구 오사카쇼센 旧大阪商船

1917년에 오사카 상선의 모지 지점으로 지은 서양식 2층 건물로, 멋진 팔각형 첨탑과 오렌지색 타일을 사용한 외벽이 눈길을 끈다. 한창때는 모지코에서 타이완, 중국, 인도, 유럽 등지로 한 달 평균 60여 대의 여객선이 출항을 했다고 하니, 대합실로 사용했던 오사카쇼센 1층은 배를 기다리는 여행자들로 엄청나게 붐볐을 것이다. 하지만, 오랜 세월이 지난 지금은 다목적 홀과 전시실로 사용하고 있어 당시의 북적거림은 볼 수가 없다.

JR 모지코역에서 도보 3분
北九州市門司区港町7-18
09:00~17:00
+8193-321-4151

이데미츠 미술관 건물이 2016년 가을까지 리뉴얼 공사를 하고 있기 때문에 그때까지 오사카쇼센 2층을 특별전시관으로 사용하고 있다.

일본에서 유일한 개폐식 인도교

블루윙모지 ブルーウィングもじ

이름처럼 선명한 바이올렛 블루로 채색된 블루
윙모지는 하얀색 건물과의 색감 대비가 인상적
인 다리이다. 일본에서 유일한 개폐식 인도교로
낮에 보아도 아름답지만 해가 진 후 난간에 설
치된 조명에 불이 켜지면 더욱 멋진 모습을 보
여준다. 매일 정해진 시각에 음악에 맞춰 길이
24m와 14m의 다리가 60도 각도로 열리는데, 시
간이 맞는다면 잠깐이라도 구경하고 가도록 하
자. 다리를 올리는데 4분, 내리는데 8분이 걸리
며, 총 30분 동안 열어둔다.

🚶 JR 모지코역에서 도보 5분
🗾 北九州市門司区港町4-1
🕐 개교 시간 10:00, 11:00, 13:00, 14:00, 15:00, 16:00
☎ +8193-321-4151

해질 무렵 보면 더욱 아름다운 풍경이 되는 블루윙모지

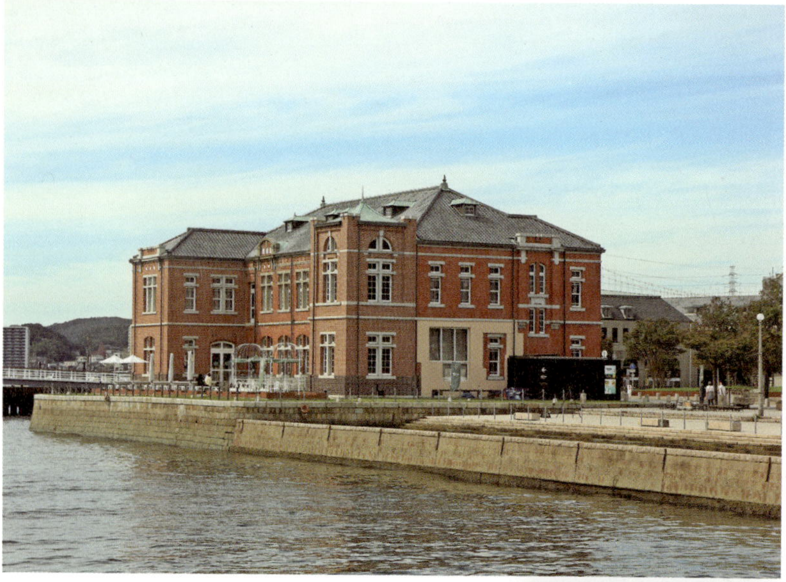

1912년에 지은 세관 청사

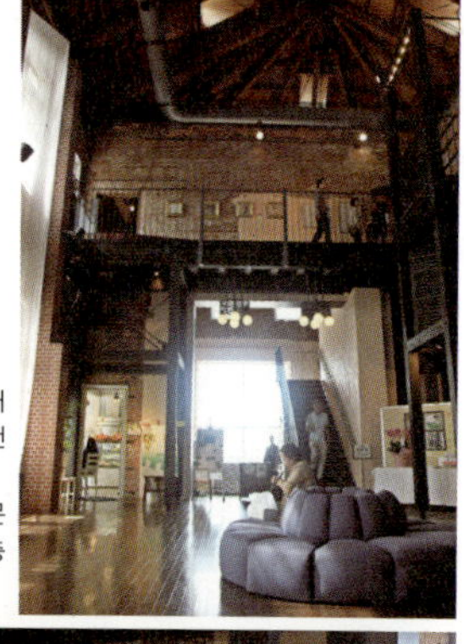

구 모지세관 旧門司税関

1909년 모지 세관 발족을 계기로 1912년에 지은 조적식(組積式) 건축물. 쇼와 시대 초기까지는 세관 청사로 사용했는데, 1945년 공습에 의해 지붕이 날아가는 등 건물 자체에 많은 손상이 있어 이후에는 일반 창고로 사용했다. 그러다 역사적 건축물이라는 가치를 되살리기 위해 1994년에 기타큐슈시에서 당시에 사용했던 것과 가장 흡사한 붉은 벽돌을 주문해서 건물을 복원했고, 근대적인 디자인과 모던한 네오 르네상스풍 건축 양식이 어우러진 멋진 건물로 변신했다. 1층에는 엔트런스 홀과 휴게실, 카페가 있고, 2층에는 전시실과 바다를 조망할 수 있는 전망대가 있다. 무료로 자유롭게 입장할 수 있으니 가벼운 마음으로 둘러보고 가자.

JR 모지코역에서 도보 5분
北九州市門司区東港町1-24
09:00~17:00
+8193-321-6111

① 여행에 지친 몸을 잠시 쉬어 갈 수 있는 1층 휴게실. 높은 천장 덕분에 개방감이 훌륭하다.
② 파르페가 맛있는 카페, 문드 레트로(Moon de Retro). 1층 휴게실 옆에 있다.

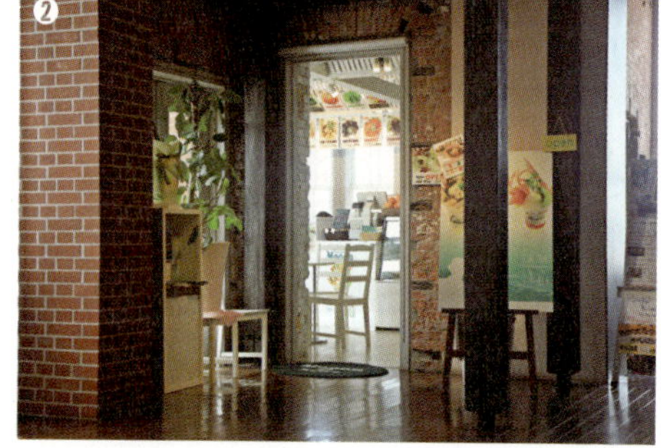

인상적인 독일 전통 목조 건물

국제우호기념도서관 国際友好記念図書館

기타큐슈 시와 중국 다롄 시의 우호 도시 체결 15주년을 기념해 1994년에 설립한 도서관. 날카로운 삼각 지붕의 첨탑이 인상적인 건물은 독일의 전통 목조 건축 양식이다. 1층에는 중국요리 전문 레스토랑이 있고, 2, 3층에는 한국, 중국 등 동아시아의 국제 우호와 관련된 도서와 자료 중심으로 한 도서관이 자리하고 있다. 도서관은 실제로 운영을 하고 있고, 곳곳에 자리가 있어 책을 직접 읽어볼 수 있다.

📍 JR 모지코역에서 도보 7분
🗺 北九州市門司区東港町1-12
🕐 09:30~18:00(월요일 휴무)
📞 +8193-331-5446

창가마다 책상과 스탠드가 있는데, 잠시 짬을 내어 독서를 하거나 여행 메모 등을 정리하는 공간으로 좋다.

모지코 레트로 전망실

門司港レトロ展望室

모지코 레트로를 산책하다 보면 혼자만 우뚝 솟아 있는 높은 빌딩이 눈에 들어온다. 일본 건축계의 거장 구로카와 기쇼(黒川紀章)의 설계로 지은 고층 빌딩으로, 현대식 건물임에도 주변 분위기를 크게 해치지는 않는다. 이곳을 찾는 이유는 높이 103m, 31층 최상층에 있는 모지코 레트로 일대를 조망할 수 있는 전망실(요금 300엔) 때문인데, 맑은 날에는 바다 건너 시모노세키까지 한눈에 들어오는 멋진 풍경을 즐길 수 있다. 특히, 늦게까지 문을 열기 때문에 저녁에 가면 모지코 레트로 일대의 멋진 야경도 감상할 수 있다.

📍 JR 모지코역에서 도보 7분
🗺 北九州市門司区東港町1-32
🕐 10:00~21:30
📞 +8193-331-3103

① 커피와 음료수를 마실 수 있는 카페도 있다. 창가로 가서 멋진 풍경을 바라보면서 커피 한 잔의 여유를 즐겨보자.
② 아름다운 풍경을 멋지게 스케치해보는 것도 좋은 추억이 될 것이다.

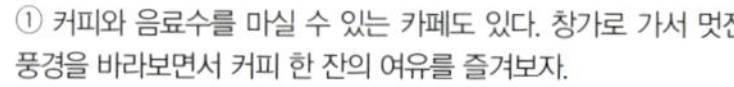

카이쿄 플라자 海峡プラザ

'잃었던 안락함을 불러일으키는 곳, 낭만이 넘쳐나는 마켓'을 콘셉트로 1999년에 문을 연 복합 쇼핑센터. 1층에는 간식거리, 잡화, 선물용품을 판매하는 아기자기한 가게가 즐비하게 늘어서 있고, 2층에는 유리 공예품 미술관과 전망 좋은 레스토랑이 있다. 특별히 유명한 가게는 없지만, 아름다운 항만의 풍경을 즐기며 산책하듯 둘러보기에는 좋은 곳이다. 바나나 아이스크림, 바나나 케이크, 바나나 빵 등 다른 지역에서는 보기 힘든 모지코만의 명물 디서트를 사서 야이 테이블에서 주전부리를 즐기는 것도 좋은 방법.

JR 모지코역에서 도보 5분
北九州市門司区港町5-1
10:00~20:00(레스토랑 11:00~22:00)
+8193-332-3121
www.kaikyo-plaza.com

① 일본에서 바나나를 처음 들여온 곳이 바로 모지코이다. 그것을 기념하기 위해 만든 바나나맨 동상. 원조 바나나맨은 사랑과 정의의 사도, 바나나맨 블랙은 에코와 절전의 사도
② 바나나 소프트아이스크림으로 유명한 지지야. 모지코가 바나나의 원조 수입 항구인 만큼 바나나 관련 상품들이 많다.

모지코 명물 야키카레 맛보기

독특하면서도
대중적인 맛을 자랑하는
야키카레 전문점 베스트 3

시간 여유가 없다면 테이크아웃으로 주문해서 에키벤처럼 기차를 타고 가면서 먹는 것도 좋은 방법이다.

카페 레스토랑 비어 프루츠

ベアーフルーツ

모지코 레트로에서 가장 인기 있는 야키카레 레스토랑. 가게 앞 입간판에는 '야키카레 유명점'이란 글이 쓰여 있는데, 밥 위에 카레와 달걀, 치즈가 절묘하게 어우러진 야키카레의 맛은 정말 명불허전이다. 여기에 시원한 맥주 한 잔을 곁들이면 금상첨화. 인기 메뉴는 매콤한 카레와 고소한 치즈의 조화가 뛰어난 슈퍼야키카레(スーパー焼きカレー, 850엔, 세트 1,050엔~).

🚇 JR 모지코역에서 도보 2분
🍴 北九州市門司区西海岸 1-4-7 門司港センタービル 1F
🕐 11:00~23:00
📞 +8193-321-3729

직접 만든 매콤한 스파이시가
잘 어울리는 슈퍼야키카레

묵직하고 강렬한 카레 위에 고소한 치즈를 듬뿍 뿌린 텟판야키카레 도리아. 이 메뉴로 제2회 야키카레 페스타에서 우승을 차지했다.

히노아타루바쇼 陽のあたる場所

간몬 해협이 한눈에 바라보이는 분위기 있는 레스토랑. 장르에 구애받지 않고 자신만의 비법으로 승부를 건다는 오너의 자신감이 요리에 그대로 반영되어 독특하면서도 맛깔스러운 것이 특징이다. 모지코에서 실시한 야키카레 페스타에서 우승을 하기도 했다. 인기 메뉴는 텟판야키카레 도리아(鉄板焼きカレードリア, 1,080엔).

JR 모지코역에서 도보 2분
北九州市門司区西海岸1-4-3
11:00〜23:00
+8193-321-6363
www.hinoatarubasho.com

코가네무시 こがねむし

모지코 레트로의 분위기와 가장 잘 어울리는 야키카레 전문점. 정감 넘치는 주인아주머니, 시대를 거스르는 복고풍 인테리어는 부드러우면서도 고소한 야키카레(焼きカレー, 650엔)와 조화를 이루며 추억의 맛 여행을 즐길 수 있도록 도와준다. 모지코역에서 조금 떨어진 곳에 있지만, 가볼 만한 가치가 있는 곳.

JR 모지코역에서 도보 10분
北九州市門司区東本町1-1-24
11:45〜15:00, 17:00〜21:00
+8193-332-2585

치즈와 반숙 계란, 그리고 카레가 절묘하게 어우러진 야키카레. 부드럽고 고소한 맛이 일품이다.

19:00

가성비 좋은 인기 스시 전문점

즐거운 분위기 속에서 먹으면 스시 맛도 즐겁다.

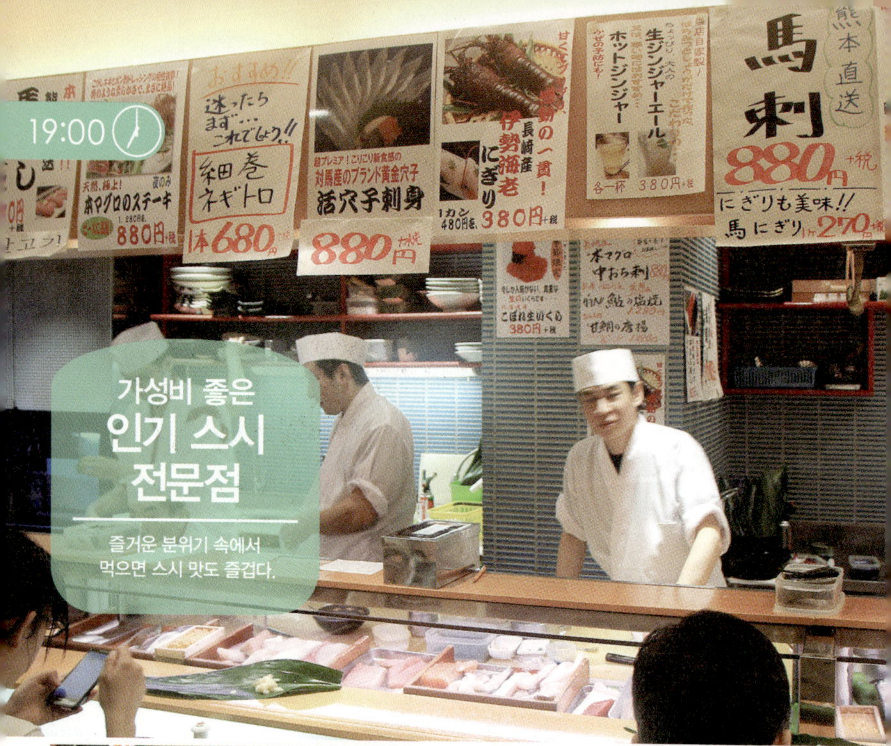

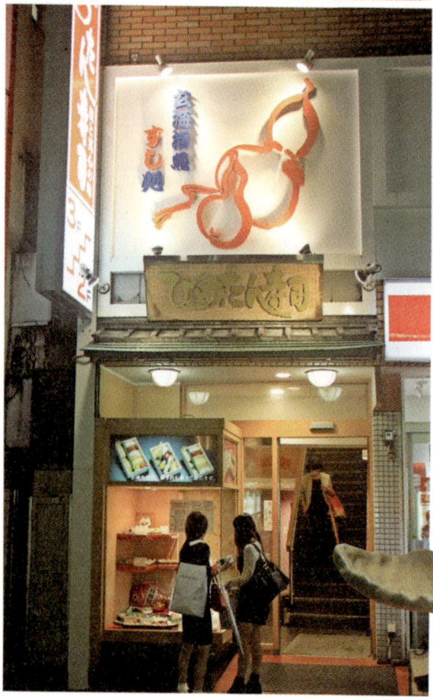

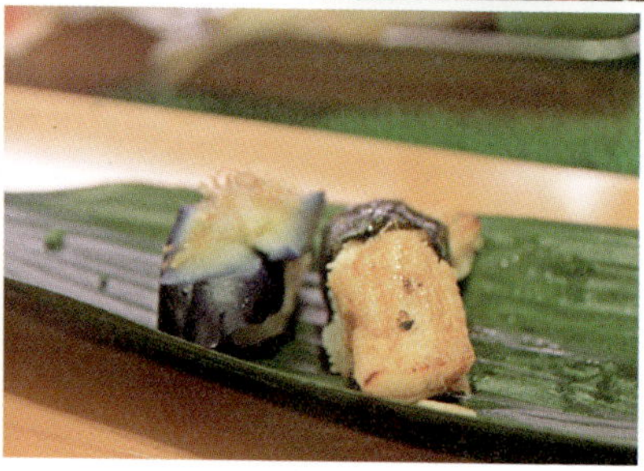

하나니기리 스시 중 최고의 맛을 자랑하는 붕장어구이, 야키아나고(焼アナゴ). 옆에 있는 가지 스시도 의외로 맛있다.

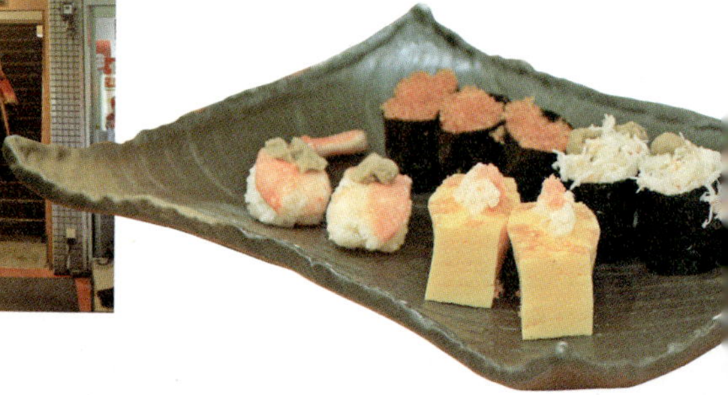

효탄 스시 ひょうたん寿司

야마나카 스시, 타츠미즈시와 함께 후쿠오카 3대 스시로 손꼽히는 스시 전문점. 주렁주렁 매달린 수많은 메뉴판들과 분주하게 움직이는 요리사들, 종업원들의 우렁찬 인사소리에서 느껴지는 왁자지껄한 분위기는 호불호가 갈릴 수 있는데, 정감 넘치는 재래시장을 좋아하는 사람이라면 편안하게 즐길 수 있을 것이다. 특히, 카운터석에 앉으면 셰프와 이런저런 얘기를 나눌 수도 있고, 먹는 속도에 맞춰서 스시를 만들어주기 때문에 천천히 맛을 음미할 수 있다. 한글 메뉴판이 따로 있어서 쉽게 주문을 할 수 있는 것도 장점. 점심에는 효탄정식(ひょうたん定食, 1,000엔, 주말은 1,100엔), 저녁에는 하나니기리(花にぎり, 1,450엔) 추천.

니시테츠 후쿠오카역에서 도보 2분
福岡市中央区天神2-10-20 2F · 3F
11:30~15:00, 17:00~21:30
+8192-722-0010

하나니기리를 주문하면 함께 나오는 생선 된장국 아라지루(あら汁). 살짝 느끼할 수도 있지만 깊은 풍미가 느껴지는 맛이다.

효탄 스시의 인기 메뉴 하나니기리. 총 9점의 스시가 나오는데, 신선하고 두툼한 생선회와 밥알이 살아있는 샤리(しゃり, 스시에 사용하는 밥)의 조화가 일품이다. 단, 생선회에 비해 샤리의 양이 다소 많은 것은 아쉬운 부분.

아무리 바빠도 항상 즐겁게 일한다는 효탄 스시의 셰프들. 푸근한 인상이 매력적이다.

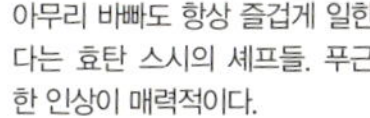

고쿠라로 가는 방법

JR

고쿠라로 갈 때는 후쿠오카의 하카타역에서 출발하는 JR 특급열차 소닉(ソニック)이나 키라메키(きらめき)를 이용하는 것이 가장 편리하다. 요금은 2,320엔이고 고쿠라역까지는 약 45분이 소요되는데, JR 북큐슈레일패스를 구입했다면 하카타역 1층 미도리노마도구치에서 예약한 후에 무료로 탑승할 수 있다. 패스가 없고 시간 여유가 있는 여행자라면 일반열차인 가고시마혼센 쾌속(鹿児島本線快速) 이용을 추천한다. 고쿠라까지의 요금은 1,290엔이고 소요시간은 약 1시간 10분이다.

버스

버스 무제한 이용 패스인 산큐패스 이용자라면 덴진 고속버스터미널에서 출발하는 고속버스를 이용하면 된다. 고쿠라역 앞까지 보통 1시간 30분 정도 소요되는데, 막히면 2시간이 넘게 걸리는 경우도 있다. 산큐패스가 없는 경우에는 티켓(1,130엔)을 구입해야 하는데 이때 2장을 한 번에 구입하면 약 10% 할인을 받을 수 있다.

이동 경로 팁

고쿠라역에서 출발해서 리버워크 기타큐슈와 고쿠라성, 탄가시장을 차례대로 둘러본 후에 다시 고쿠라역으로 돌아올 때는 고쿠라의 명물 모노레일을 이용해보는 것도 좋은 추억이 될 것이다. 탄가역에서 고쿠라역까지는 2정거장이고 요금은 100엔이다. 배차 간격은 10분으로 자주 있는 편이다.

TIP 패스 없이 JR 특급열차를 이용하고 싶다면, JR 규슈에서 판매하는 할인 승차권인 니마이킷푸나 욘마이킷푸를 구입하는 것이 경제적이다. JR 특급열차의 통상요금은 편도 기준 2,320엔이지만 2장짜리 회수권인 니마이킷푸는 2,880엔(자유석 기준), 4장짜리 회수권인 욘마이킷푸는 5,360엔(자유석 기준)으로 저렴하다.

모지코로 가는 방법

JR

모지코로 갈 때도 JR 특급열차를 이용하는 것이 편리하다. 하카타역에서 모지코역으로 가는 열차는 1시간에 2~3편 운행되고 있지만, 정차하는 역이 많은 일반열차뿐이라서 시간이 많이 걸린다 (요금 1,470엔, 소요시간 보통 2시간, 쾌속 1시간 40분). 따라서 모지코로 갈 때는 고쿠라역까지 JR 특급열차로 이동한 후 모지코역으로 가는 일반열차로 갈아타는 것이 유리하다.

고쿠라역에서 모지코역까지의 요금은 편도 280엔이고 소요시간은 약 15분이다. 가끔씩 모지역(門司驛)과 모지코역(門司港驛)이 헷갈려서 잘못 내리는 경우가 있는데, 모지코 레트로 여행을 하려면 꼭 모지코역에서 내려야 한다.

버스

후쿠오카에서 모지코로 바로 가는 고속버스는 없으므로 니시테츠 덴진 고속버스터미널에서 출발하는 고속버스를 이용해서 일단 고쿠라로 이동한 다음, 고쿠라에서 모지코로 가는 노선버스나 JR 열차를 이용해야 한다. 다만, 고쿠라에서 모지코로 가는 노선버스는 여러 지역을 경유해서 한참 돌아가기 때문에 JR 열차를 이용하는 것이 더 좋다.

이동 경로 팁

모지코 여행을 마치고 하카타역으로 돌아가야 할 시간. 고쿠라역에서 특급열차로 갈아타고 갈지, 조금 느리더라도 환승 없이 한 번에 갈지, 잘 결정해서 이동하도록 한다. 마지막 일정인 효탄 스시는 덴진에 있기 때문에 하카타역에 도착하면 하카타 버스터미널로 가서 덴진행 버스를 타도록 한다. 하카타 버스터미널에는 정류장이 굉장히 많지만, 대부분의 버스가 덴진을 경유하기 때문에 어떤 정류장이든 크게 상관이 없다. 덴진까지의 요금은 100엔인데, 저녁 시간에는 시내 중심가 정체가 심한 편이라 소요시간은 30분 정도 예상하면 된다.

해외여행 선물

해외여행을 나가면 마지막 날에 항상 하는 고민이 있다. "어떤 선물을 사면 좋을까?"

고만고만한 기념품을 사가면 별로 좋아하는 것 같지도 않고, 그렇다고 안사자니 찜찜하고. 여행 가격비교사이트 스카이스캐너가 해외여행 경험이 있는 만 18세 이상 한국인 여행객 1,000명을 대상으로 실시한 '해외여행 기념품 선호도 조사'에 따르면, 선물을 받은 사람의 91.2%는 받은 선물이 '너무 싫다'고 응답했다고 한다. 그런데 재미있게도 해외에서 선물을 구매한 사람의 42.5%는 자신이 사온 선물이 '매우 마음에 든다'고 답변했다. 양쪽의 괴리감이 이 정도면 예의상 선물 챙기기는 안 하는 게 낫지 않을까 싶지만, 우리네 인정상 그럴 수 없는 것이 현실이다.

가족이나 가까운 친구들에게는 미리 받고 싶은 물품을 알려달라고 하면 되지만(사실 이것도 불편하다. 아무리 가까운 사이더라도 여행 도중에 시간 쪼개가면서 선물 살 생각을 하면 머리가 지끈거리기 마련), 직장 동료, 상사 등 이른바 지인들에게는 어떤 선물을 사야할지 고민이 된다.

그럴 때는 누구나 좋아하는 대중적인 간식거리를 사는 것이 가장 좋다. 특히, 일본은 전통적으로 유명한 먹거리들을 그럴듯하게 선물용으로 포장하는 데 타의추종을 불허하는 실력을 가진 나라다. 여기에 수상 경력이나 창업 100년 등 꼬리표가 붙으면 금상첨화. 물론, 맛도 보장되니 안심하고 구입하면 된다.

후쿠오카 선물 베스트 3

하카타 메이힌구라(博多銘品蔵)

요시노도(野吉堂)의 여심을 자극하는 귀여운 병아리 만주 메이카 히요코(名菓ひよこ, 14개 1620엔). 여기도 1912년 창업이니 100년이 넘은 곳이다.

창업 100년이라는 오랜 전통을 자랑하는 카게츠도주에이(花月堂寿永)의 명물 과자 후쿠우메모나카(福うめ最中). 조금 나이가 있는 사람들에게 선물하는 것이 좋다.

메이게츠도(明月堂)의 명물 만주, 하카타도오리몬(博多通りもん, 10개 1,080엔). 몽드 셀렉션에서 무려 15년 동안이나 금상을 받은 흔하지 않은 수상 경력을 가지고 있고 남녀노소 좋아하는 맛이라 실패할 확률이 적다.

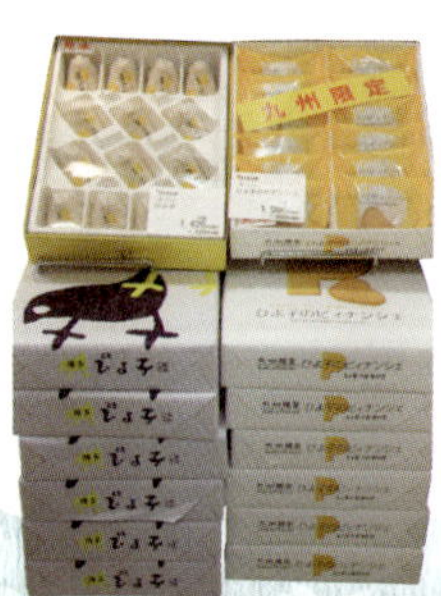

번외편

3일 여행이 아쉽다면
여유 있게 하루 더!

오감을 만족시키는 온천 마을 유후인
일본 고대 문화를 만날 수 있는 곳 다자이후
아름다운 물의 도시 야나가와

유후인 당일 여행

유후인은 오이타 현의 중앙부에 자리 잡고 있는 작은 온천 마을이다. 외곽에는 명산 유후다케(1,584m)를 비롯해 1,000m 이상의 높은 산들이 우뚝 솟아 마을을 감싸고 있고, 그 중심에는 아름다운 호수 긴린코가 있어 멋진 휴식 공간을 제공한다. 특히 일교차가 큰 아침 무렵이면 호수로 인해 마을 전체가 안개로 뒤덮이는데, 유후인을 안개의 마을이라 부르는 이유는 이 때문이다. 마을 곳곳에 자리 잡은 크고 작은 미술관과 갤러리, 다양한 종류의 잡화점과 공방, 개성 있는 음식점과 카페 등 젊은 여성들의 취향에 딱 맞는 온천 마을 유후인은 하루를 꼬박 투자해도 아깝지 않은 여행지이다.

어떻게 갈까?

하카타역과 유후인역을 연결하는 멋진 관광열차 유후인노모리(ゆふいんの森)는 유후인 여행에서 빼놓을 수 없는 여행의 일부분이다. 하카타역을 떠난 기차는 2시간 남짓 달려 유후인역에 도착하는데, 풍경이 좋아 차창만 바라보아도 지루할 틈이 없다. 특히, 제일 앞의 기관차는 운전실이 개방되어 있어 시원한 전망을 즐길 수 있다. 유후인노모리는 전석 지정석이므로 승차 전에 반드시 지정석 티켓 예약을 해야 하는데, 아침 시간대의 기차는 금세 매진되므로, 최소 2, 3일 전에는 예약을 해두는 것이 좋다. 인터넷 예약은 JR 규슈 홈페이지(www.jrkyushu.co.jp)에서 하면 되고, 현지 예약은 하카타역 1층에 있는 미도리노마도구치(みどりの窓口)에서 하면 된다.

① 제일 앞이나 뒤쪽 기관차는 운전실이 개방되어 있어 멋진 전망을 바라보며 기차여행을 즐길 수 있다.
② 도중에 승무원이 와서 사진을 찍어주는 이벤트를 하기도 한다.
③ 기차 사진을 찍고 싶다면 출발 30분 전에는 도착하는 것이 좋다. 출발 시간이 임박할수록 기념사진을 찍는 사람들이 많아진다.

북큐슈레일패스 3일권을 구입하자.

유후인노모리 왕복 기차 요금은 9,100엔인데, 3일 동안 북큐슈(후쿠오카, 나가사키, 구마모토, 유후인, 벳푸 등)의 기차를 마음껏 이용할 수 있는 북큐슈레일패스 3일권의 가격은 8,500엔이다. 다른 기차를 이용하지 않고 유후인 왕복만 해도 본전은 뽑는 셈.

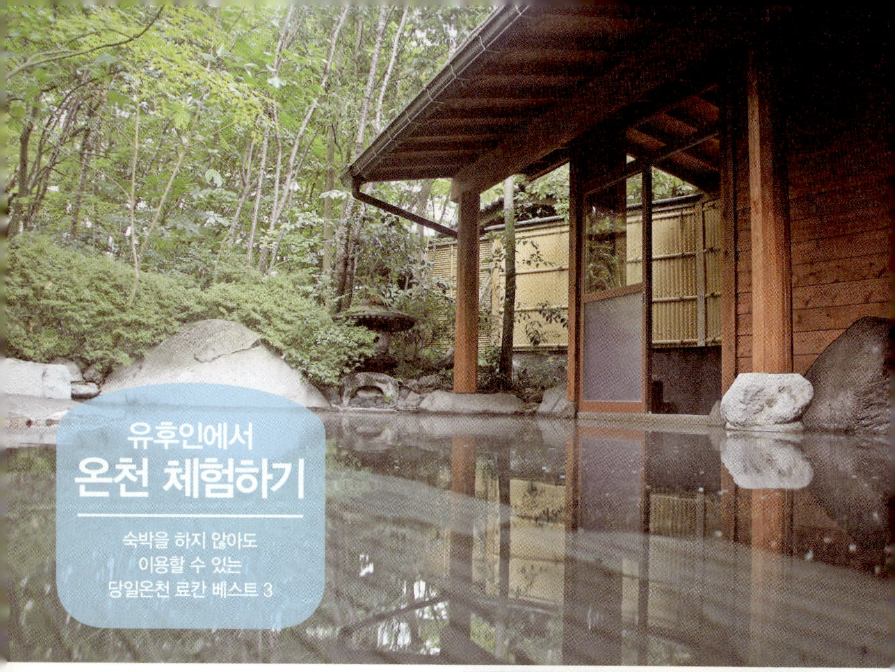

유후인에서 온천 체험하기

숙박을 하지 않아도
이용할 수 있는
당일온천 료칸 베스트 3

히노하루 료칸 日の春旅館

유후인 상점가 한복판에 자리 잡고 있는, 위치만으로 보면 유후인에서 가장 좋은 당일치기 온천 료칸이다. 유후인역과 긴린코의 중간 지점에 있어, 상점가에서 쇼핑, 먹거리 산책을 하다가 들르기에는 최적의 장소. 노천탕은 규모가 그다지 크지는 않지만, 자연을 벗 삼아 온천욕을 즐기기에는 부족함이 없다. 또한 호젓하게 나만의 온천욕을 즐길 수 있는 가족 노천탕을 저렴한 비용(40분, 700엔)으로 이용할 수 있어, 남녀커플이나 가족 여행자들에게 인기가 높다. 일반 노천탕 이용 요금은 500엔이다.

- JR 유후인역에서 도보 10분
- 由布市湯布院町大字川上1082-1
- 10:00~15:00
- +81977-84-3106
- www.hinoharu.jp

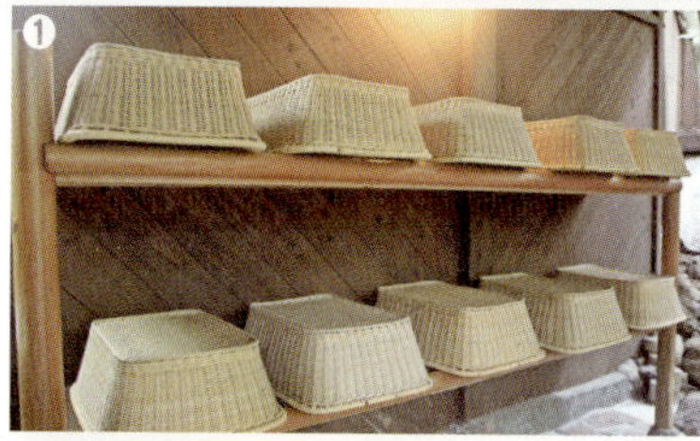

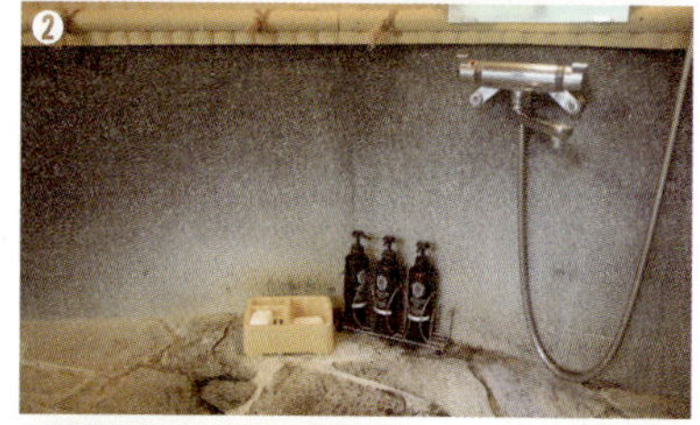

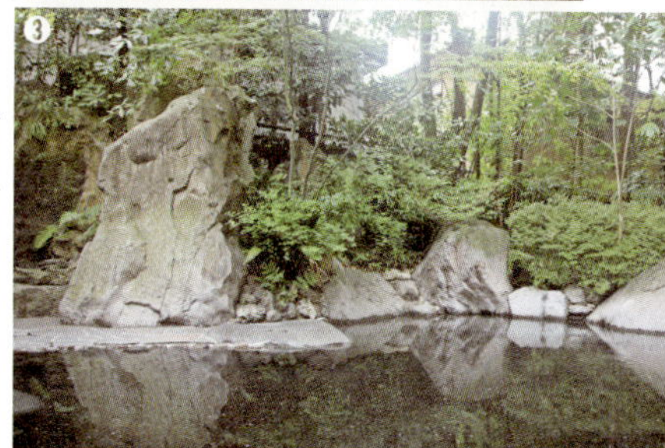

① 노천탕 입구로 들어가면 옷과 소지품을 보관할 수 있는 바구니가 있다.
② 샴푸와 린스, 바디워시, 비누 등 기본적인 샤워용품을 구비하고 있다. 샤워기에서 온천수가 나오는 것이 신기하다.
③ 자연친화적인 노천탕. 규모가 크지는 않지만 100% 원천수를 이용하기 때문에 피로회복에 좋다.

야마노호텔 무소엔 山のホテル 夢想園

녹음이 우거진 산자락에 자리 잡고 있어 자연을 즐길
수 있는 조용한 온천 료칸. 역에서 걸어가기에는 거리
가 좀 먼 데다, 비탈길을 올라가야 하는 불편함은 있
지만 적당한 요금으로 사치스러운 휴식을 취하고 싶
다면 선택은 단연 무소엔이다. 아름다운 풍경도 멋지
지만, 무엇보다 유후인 최대 규모의 남녀별 전용 노천
탕에서 유후다케의 풍경을 바라보는 경험은 평생 잊
지 못할 추억으로 남을 것이다. 남성 전용 노천탕은
고무소노유(御夢想の湯) 1개, 여성 전용 노천탕은 고
보노유(弘法の湯)와 구카이노유(空海の湯)2개가 있
다. 참고로, 샴푸, 린스, 바디워시는 있지만 수건은 챙
겨가야 한다. 온천 이용 요금은 700엔이다.

📍 JR 유후인역에서 도보 20분. 택시 이용 추천(약 700엔)
✖ 由布市湯布院町川南1251-1
🕐 10:00~15:30
📞 +81977-84-2171
🏠 www.musouen.co.jp

유후다케의 멋진 풍경을 바라보면서 노천욕을 즐길 수 있는 것이
무소엔의 매력

온천을 마친 후에는 시원한 바람을 맞으
며 삶은 계란과 맥주 한 잔의 여유를 즐기
고 가자.

📍 JR 유후인역에서 도보 15분
✖ 由布市湯布院町川上山畔1027-3
🕐 10:00~16:00
📞 +81977-85-4296
🏠 www.gloria-g.com/yufuintei

오야도 유후인테이 御宿 ゆふいん亭

전통 민가풍 외관과 약 4,000평 규모의 넓은 정원을
가로지르는 시냇물이 방문객들의 마음을 편안하게
해주는 기품 있는 온천 료칸으로, 연간 10,000명 이
상이 찾아오는 유후인의 인기 명소이다. 당일 온천 요
금은 주변 료칸보다 저렴한 500엔으로, 개방감 넘치
는 남녀 노천탕을 편안하게 이용할 수 있다. 온천욕을
끝낸 후에는 통나무로 만든 멋진 분위기의 휴게실에
서 맥주, 온센타마고(温泉たまご, 온천수로 삶은 계
란) 등을 맛볼 수 있다.

유후인을 대표하는 맛집

유후인의
인기 밥집과 소바 전문점
매력 비교

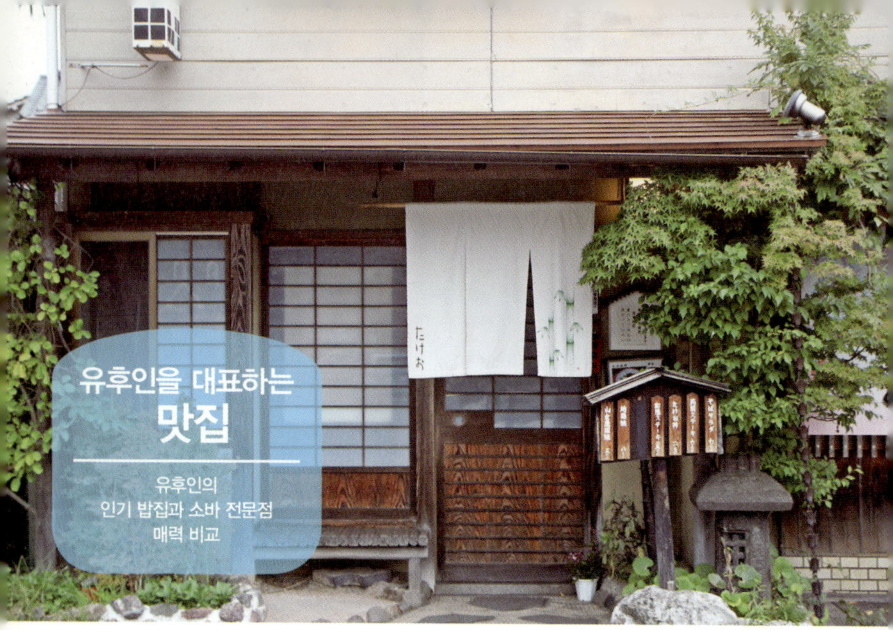

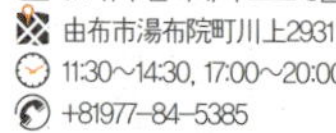

타케오 たけお

천연 재료를 사용해서 만든 다양한 퓨전 일식을 선보이는 유후인의 명물 맛집. 실내는 좌식으로 구성되어 있는데, 중간에 이로리(囲炉裏, 일본의 전통 가옥에 있는 사각형의 화로)가 있어 토속적인 분위기가 물씬 풍긴다. 타케오에서는 청정 지역에서 재배한 좋은 재료만을 써서 어떤 요리든 안심하고 먹을 수 있는 것이 매력적인데, 그중에서도 꼭 맛보아야 하는 메뉴는 무농약 쌀에 쇠고기, 송어, 명란젓 등 9가지의 화려한 재료가 들어간 타케오동(たけお丼, 1,100엔). 주인아저씨가 자랑하는 특제 간장 소스가 식욕을 불러일으킨다. 단, 양이 좀 적은 것이 단점이다. 그밖에 토종닭 직화구이인 지도리야키(地鳥焼, 800엔)와 소바 샐러드(そばサラダ, 700엔)도 맛있다.

JR 유후인역에서 도보 3분
由布市湯布院町川上2931
11:30~14:30, 17:00~20:00(월요일 휴무)
+81977-84-5385

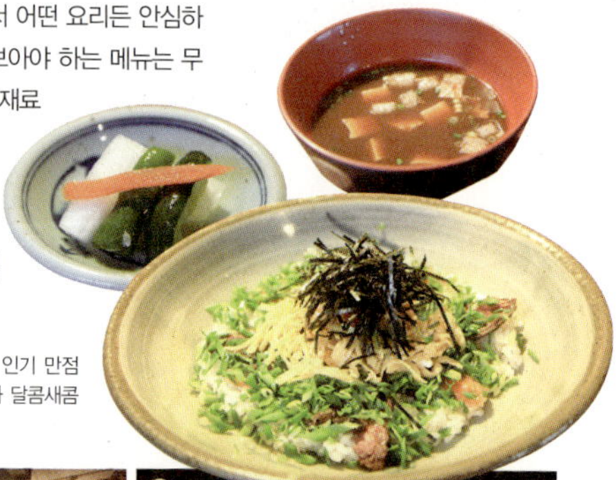

친환경 유기농 퓨전 덮밥으로 인기 만점인 명물 타케오동. 진한 장국과 달콤새콤한 절임 반찬이 함께 나온다.

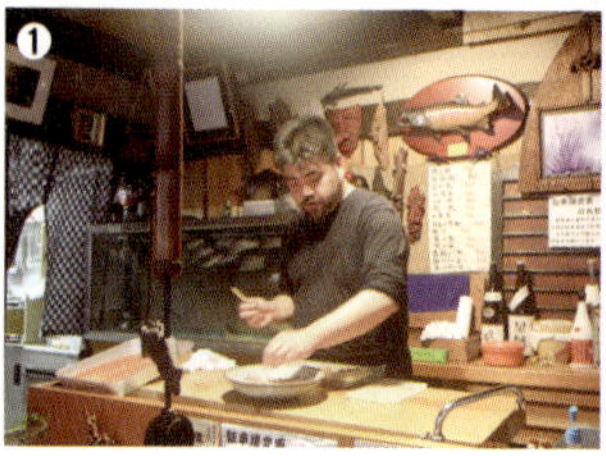

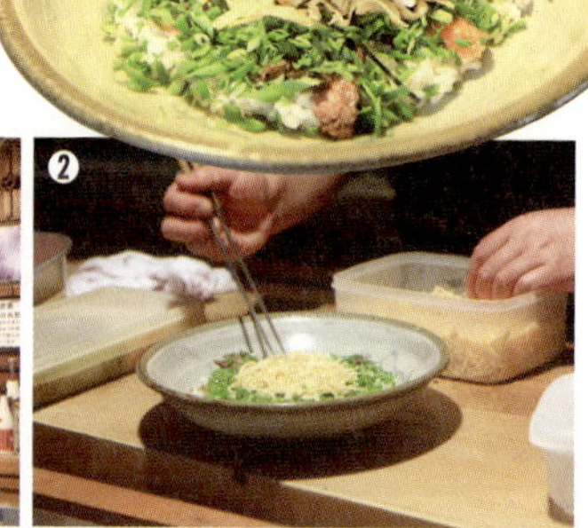

① 화려하진 않지만 정성껏 멋진 요리를 완성하는 오너 셰프. 투박한 모습과는 달리 친절하고 웃음도 많다.
② 바로 앞에서 요리가 만들어지는 모습을 구경하는 것도 타케오만의 즐거움 중 하나.

유후마부시 신 由布まぶし 心

유후인 최고의 식재료를 정성껏 조리해 돌솥밥 위에 담아낸 명물 덮밥 전문점. 분고규(豊後牛, 오이타현에서 생산된 흑소)와 유후인 토종닭, 장어 등 유후인에서 생산된 신선한 재료에 특제 소스를 발라 직화로 구워내는데, 고슬고슬한 쌀밥과 어우러지면서 매력적인 맛을 보여준다. 현지인들도 나고야 최고의 명물 우나기 히츠마부시를 유후인의 식재료에 어울리게 제대로 변형했다고 평가하고 있다. 인기 메뉴는 입속에서 사르르 녹아내리는 와규의 참맛을 느낄 수 있는 분고규마부시(豊後牛まぶし, 2,400엔). 함께 나오는 밑반찬들도 대부분 맛깔스럽다.

📍 JR 유후인역에서 도보 1분
✉ 由布市湯布院町川北5-4 2F
🕐 11:00~16:00, 17:30~21:00(목요일 휴무)
☎ +81977-84-5825

육즙을 가두고 불맛을 살리는 직화구이. 주방이 오픈되어 있어 화려한 불쇼를 구경할 수 있다.

분고규마부시를 주문하면 먼저 나오는 유기농 에피타이저. 간이 강하지 않아 아이들도 맛있게 먹을 수 있다.

입에서 녹아내리는 부드러운 분고규마부시. 먼저 고기와 밥을 적당히 섞은 다음 공기에 덜어서 먹고, 간이 조금 약한 것 같으면 취향대로 야쿠미(藥味, 양념)를 넣어서 믹으면 된다.

마지막으로 남은 밥은 오차즈케로 만들어 먹는다. 맛있는 우동 국물에 밥을 말아먹는 느낌이 드는 분고규마부시의 백미

코시키테우치소바 이즈미 古式手打そば 泉

전통 수타 방식으로 만든 쫄깃한 면발이 일품인 유후인의 명물 소바 전문점. 이름이 조금 어려워 여행자들 사이에서는 이즈미 소바라는 이름으로 불리고 있다. 유후인 최고의 풍경을 자랑하는 긴린코 바로 옆에 위치하고 있어, 야외 테이블에 앉으면 호수의 멋진 경관을 바라보며 소바를 먹을 수 있다. 대표 메뉴는 간장 소스에 수타 메밀면을 찍어먹는 세이로소바(せいろそば, 1,296엔). 이즈미만의 전통 방식으로 직접 만든 수타면이라 탱탱하고 쫄깃한 감칠맛이 일품이다.

JR 유후인역에서 도보 20분
由布市湯布院町川上 1599-1
11:00~15:00
+81977-85-2283

① 이즈미 소바의 대표 메뉴 세이로소바. 2단으로 되어 있어 남자가 먹기에도 적당한 양이다.

② 남은 간장 소스에 소바유(そばゆ, 소바를 삶은 물)를 부어 먹으면 색다른 풍미를 느낄 수 있다.

③ 야외 테이블 좌석 옆으로 내려가면 바로 긴린코가 나온다.

④ 긴린코 쪽 창가 자리에 앉으면 멋진 풍경을 바라보며 소바를 즐길 수 있다.

① 창가 자리에 앉으면 초록으로 뒤덮인 자연 풍경을 즐기며 소바를 먹을 수 있다.
② 가게 바로 앞 공터에서 보이는 유후인 시내 풍경

무라타 후쇼안 Murata 不生庵

유후인의 인기 료칸 산소 무라타에서 운영하는 소바 전문점. 깊은 산속에 자리 잡고 있어 창밖으로 보이는 자연 풍경을 감상하며 맛있는 소바를 먹을 수 있는 것이 장점이다. 다소 진한 간장 베이스 국물에 메밀면을 사용하는데 우동과는 또 다른 풍미를 맛볼 수 있다. 대표 메뉴는 구로부타소바(黒豚そば, 1,512엔). 일반 소바에 비해 가격이 비싼 것이 흠이지만, 이틀 동안 숙성시킨 부드러운 돼지고기와 쫄깃한 면발의 조화는 기대 이상이다. 짭짤하고 달콤한 츠유에 찍어 먹는 시원한 자루소바(ざるそば, 860엔)도 인기 있다. 한 가지 아쉬운 점은, 유후인 상점가에서 제법 많이 떨어져 있어서 걸어가기에는 상당한 부담이 있다는 것이다. 가벼운 등산을 할 각오로 올라가면 긴린코 주변에서 15분 정도 걸린다.

후쇼안의 대표 메뉴인 구로부타소바. 면도 맛있지만 고명으로 올려주는 돼지고기 편육이 일품이다. 하카타 돈코츠 라멘의 차슈와는 또 다른 풍미를 느낄 수 있다.

JR 유후인역에서 도보 35분
由布市湯布院町川上1266−18
11:00∼16:30
+81977−85−2210

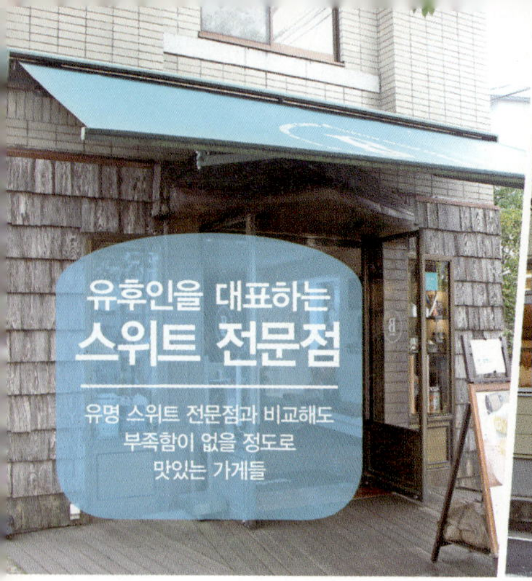

유후인을 대표하는 스위트 전문점

유명 스위트 전문점과 비교해도
부족함이 없을 정도로
맛있는 가게들

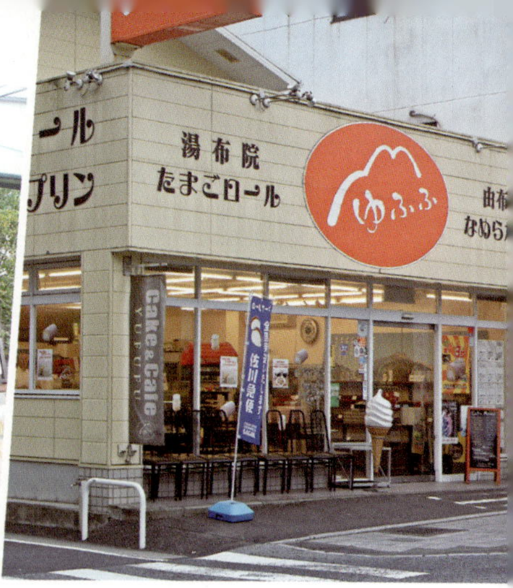

비 스피크 B-speak

유후인의 고급 료칸 산소 무라타가 직접 운영하는 케이크 전문점. 2006년에 새롭게 리뉴얼 오픈하면서 가게 분위기도 더욱 멋스러워지고 케이크의 맛도 한층 더 업그레이드 되었다. 유후인 롤케이크의 대명사로 유명한 P롤(Pロール, 1개 1,420엔, 조각 475엔)은 농가에서 직접 공수해온 신선한 달걀과 질 좋은 밀가루로 만들어 폭신폭신하면서 달콤한 맛이 일품이다. 플레인과 초콜릿 두 가지 맛 중에서 선택할 수 있다. 우리나라뿐만 아니라 중국에서도 유명한 곳이라, 단체 여행객들이라도 들이닥치면 오전 중에 판매 완료가 되는 경우도 있다. 꼭 맛보고 싶으면 미리 예약을 하도록 하자.

- JR 유후인역에서 도보 5분
- 由布市湯布院町川上3040-2
- 10:00~17:00
- +81977-28-2166
- www.sansou-murata.com/facilities/b-speak/index.html

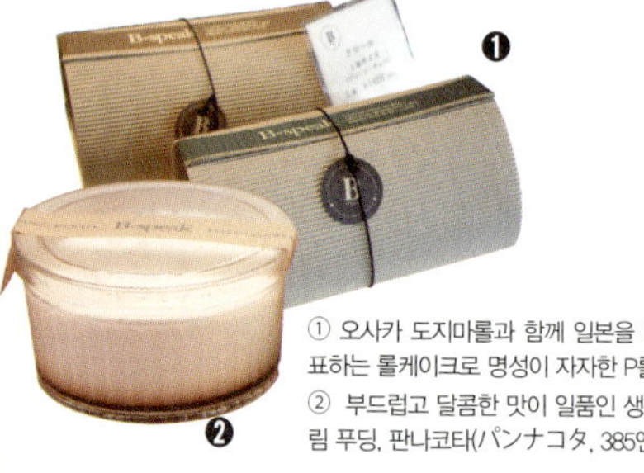

① 오사카 도지마롤과 함께 일본을 대표하는 롤케이크로 명성이 자자한 P롤
② 부드럽고 달콤한 맛이 일품인 생크림 푸딩, 판나코타(パンナコタ, 385엔)

유후후 ゆふふ

유후후를 한마디로 표현하라면 "신선한 재료에서 우러나오는 신선한 맛"이라고 하고 싶다. 유후인의 맑은 물과 깨끗한 토양에서 자라난 유기농 재료만을 사용하기 때문이다. 유후인 내 인기 넘버원 케이크 전문점인 비 스피크와 비교할 수 있을 정도로 매력적인 케이크를 선보이는데, 대표 메뉴인 타마고 롤(たまごロールケーキ, 조각 350엔)은 2010년 일본 전국 간식 랭킹 콘테스트에서 3위를 차지하기도 했다. 달콤한 악마의 맛 유후코겐 나메라카푸링(由布高原なめらかプリン, 350엔)도 꼭 맛봐야 할 메뉴.

- JR 유후인역에서 도보 2분
- 由布市湯布院町川北2-1
- 10:00~18:00(일요일, 휴일 09:00~18:00)
- +81977-85-5839
- www.yufufu.com

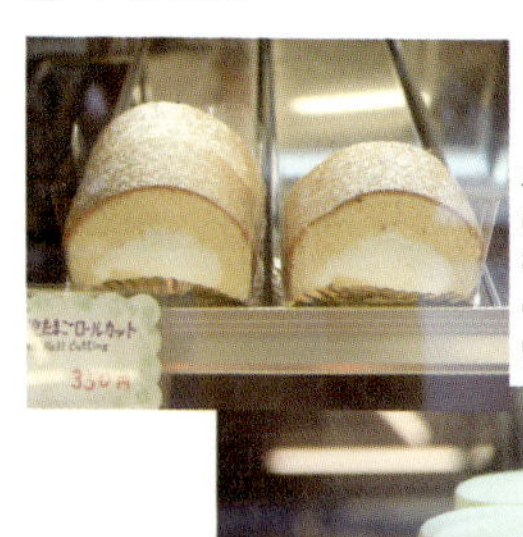

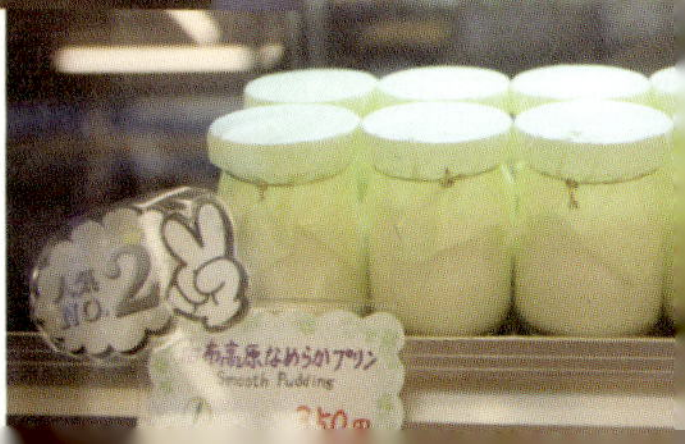

유후후 인기 메뉴 타마고롤과 나메라카푸링. 고소함과 달콤함이 절묘하게 어우러진 맛이다.

유후인 미르히 由布院 Milch

2014년 4월에 오픈한 스위트 전문점. 가게 이름인 미르히(milch)가 독일어로 우유를 뜻하는 만큼 유후인에서 생산된 우유를 사용한 다양한 디저트를 선보이고 있는데, 그중에서도 귀여운 병에 담겨 있는 달콤한 밀크 푸딩(ミルクプディング, 300엔)은 유후인 최고라는 평이다. 푸딩과 함께 꼭 먹어봐야 할 메뉴는 바삭하게 구운 치즈케이크 카제쿠헨(kase kuchen, 120엔)으로, 차가운 맛과 따뜻한 밋 두 가지 중에서 선택하여 먹을 수 있다.

- JR 유후인역에서 도보 10분
- 由布市湯布院町川上3015-1
- 09:30~17:30
- +81977-28-2800
- www.yufuinmilch.com

① 예쁜 병에 담겨 있는 밀크 푸딩. 고소하면서도 농후한 우유와 달콤 쌉싸름한 캐러멜의 조화가 매력적이다.
② 오븐에서 막 나온 치즈케이크 카제쿠헨. 바삭함, 고소함, 달콤함이 섞여 있는 미르히의 인기 메뉴이다.

우케즈키 受け月

멋진 갤러리가 있는 초콜릿 & 케이크 전문점. 좋은 재료만을 고집하는 철저한 장인 정신으로 만들어낸 초콜릿과 케이크는 모두 최상급품으로 매력적인 맛을 보여준다. 인기 초콜릿 메뉴는 바니마타르(バニーマタル, 1,300엔). 입에 넣자마자 녹아내리는 달콤함과 바니마타르 지역의 원두향이 어우러진 환상적인 맛이다. 인기 케이크는 크레송 롤(クレソンロール, 1,300엔). 자연산 크레송(물냉이)과 방목하는 닭에서 얻는 유정란으로 만든 웰빙 롤케이크로, 한 입 베어 물면 시원한 물냉이 향이 살짝 퍼지면서 입 안 가득 달콤함이 느껴진다.

- JR 유후인역에서 도보 15분
- 由布市湯布院町川上1503-7
- 09:00~17:00(목요일 휴무)
- +81977-84-4677
- www.ukezuki.com

물냉이 향이 시원하게 퍼지는 색다른 롤 케이크, 크레송 롤

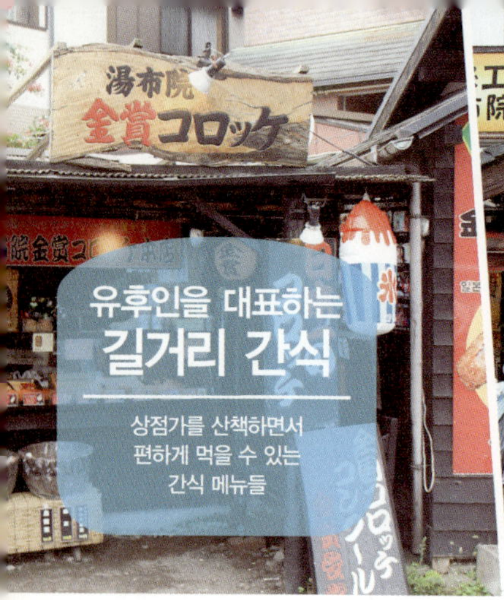

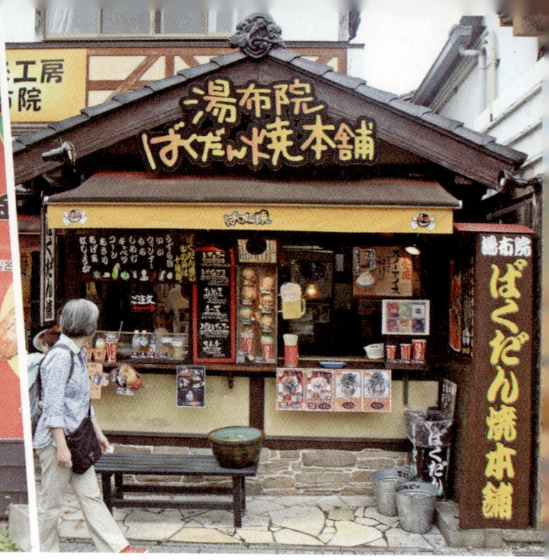

유후인을 대표하는 길거리 간식

상점가를 산책하면서
편하게 먹을 수 있는
간식 메뉴들

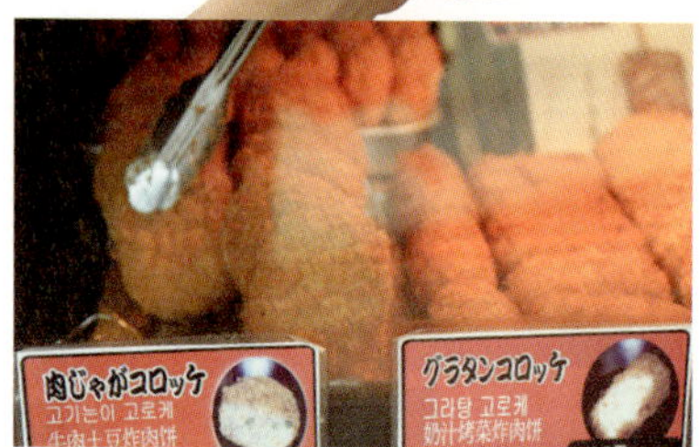

금상고로케 金賞コロッケ

NHK 텔레비전에서 기획한 제1회 '전국 고로케 콩쿠르'에서 금상을 차지한 크로켓 전문점. 원래 발음은 킨쇼고로케지만 금상을 받은 고로케 전문점이라는 의미로 우리나라에서는 금상고로케로 더 많이 알려져 있다. 홋카이도산 감자와 와규(和牛)에서 지방분을 뺀 살코기만으로 만들어 일반 크로켓보다 칼로리가 훨씬 적다고 하니 다이어트를 걱정하는 여성들도 안심하고 먹을 수 있다. 대표 메뉴는 킨쇼고로케(金賞コロッケ, 1개 160엔). 소고기와 감자가 들어간 니쿠자가 고로케, 고소한 그라탕 고로케도 맛있다.

JR 유후인역에서 도보 15분
由布市湯布院町川上1511-1
09:00~18:00
+81977-28-8888

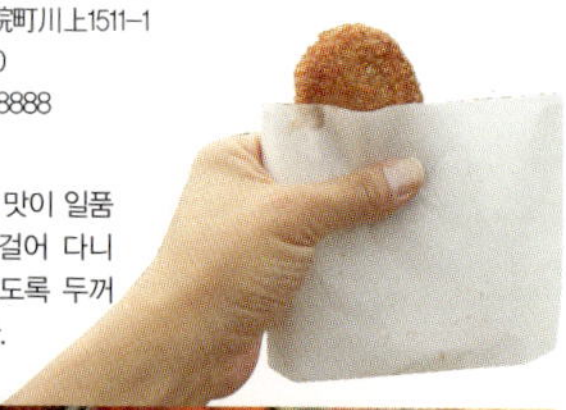

부드럽고 고소한 맛이 일품인 킨쇼고로케. 걸어 다니면서 먹을 수 있도록 두꺼운 종이에 싸준다.

유후인 바쿠단야키 혼포

湯布院 ばくだん焼本舗

이색적인 타코야키 전문점. 사람들이 가장 많이 오고 가는 유휴인 상점가 메인 스트리트에 자리 잡고 있어 비어 있는 시간을 찾기가 쉽지 않을 정도로 많은 사람들이 모여든다. 기본 메뉴는 바쿠단야키 레귤러(ばくだん焼レギュラー, 420엔). 바쿠단야키(ばくだん焼, 폭탄구이)라는 말을 왜 가게 이름에 넣었는지 알 수 있을 것 같은 크기와 비주얼이다. 김치(470엔), 튀김(440엔), 치즈(470엔) 등 입맛에 맞는 메뉴를 골라 주문하면 된다. 한글이 병기되어 있어 주문하기도 편하다.

JR 유후인역에서 도보 15분
由布市湯布院町川上1101-6
09:00~18:00
+81977-28-2400

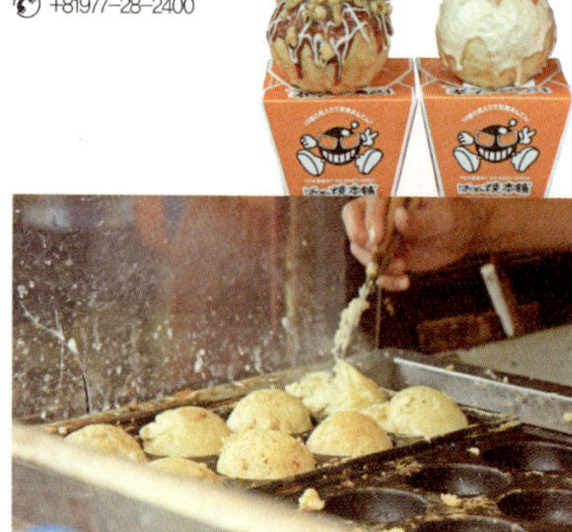

하나요리 花より

긴린코 주변에 있는 유후인의 명물 떡 & 과자 전문점. 하나요리당고(花より団子, 꽃보다 경단)라는 일본 속담에서 모티브를 따온 가게 이름이 재미있다. 하나요리에서 꼭 맛봐야 하는 양대 당고는 구운 경단에 달달한 간장소스를 바른 미타라시당고(みたらしだんご, 150엔)와 경단 위에 단팥을 올려낸 앙당고(あんだんご, 150엔). 가게 내부와 입구 주변에 앉을 자리가 있긴 하지만, 꼬치에 꼽아주기 때문에 걸어 나니면서 먹기에도 편하다. 그밖에 선물용으로 인기 있는 노라야기(どらやき, 1개 180엔)도 맛있다.

JR 유후인역에서 도보 20분
由布市湯布院町川上1488-1
09:30~16:30
+81977-85-2410

하나요리의 인기 메뉴
미타리시당고와 앙당고

도라에몽이 좋아하는
일본식 팥빵 도라야키.
부드러운 빵과 달콤한
단팥의 조화가 일품

비 허니 Bee Honey

긴린코를 향해 유후인 상점가를 계속 걸어가다 보면 앙증맞은 콘셉트의 예쁜 가게가 보인다. 유후인에 오면 무조건 한 번은 사먹게 된다는 극상의 벌꿀 아이스크림을 판매하는 비 허니. 사계절 내내 인기 메뉴로 자리 잡은 하치미츠 소프트(はちみつソフト, 320엔)는 일단 먹어봐야 한다. 꿀, 유자, 초콜릿. 딸기 등 토핑이 가미된 아이스크린도 있으니 취향대로 골라 주문하면 된다.

JR 유후인역에서 도보 17분
由布市湯布院町川上1481-1
09:00~17:30
+81977-05 2733
http://beehoney.jp

① 유후인 선물로 가장 인기가 좋은 벌꿀 세트. 1,000엔 대에서 3,000엔 대까시 디양한 종류가 있다.
② 아이들이 좋아하는 꿀 비누 미츠셋켄(みつ石けん, 220엔)

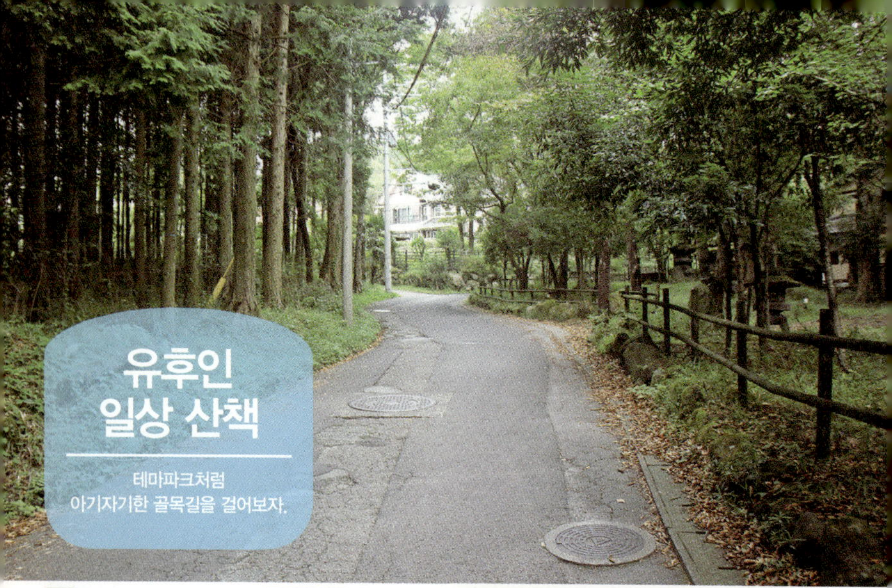

유후인 일상 산책

테마파크처럼
아기자기한 골목길을 걸어보자.

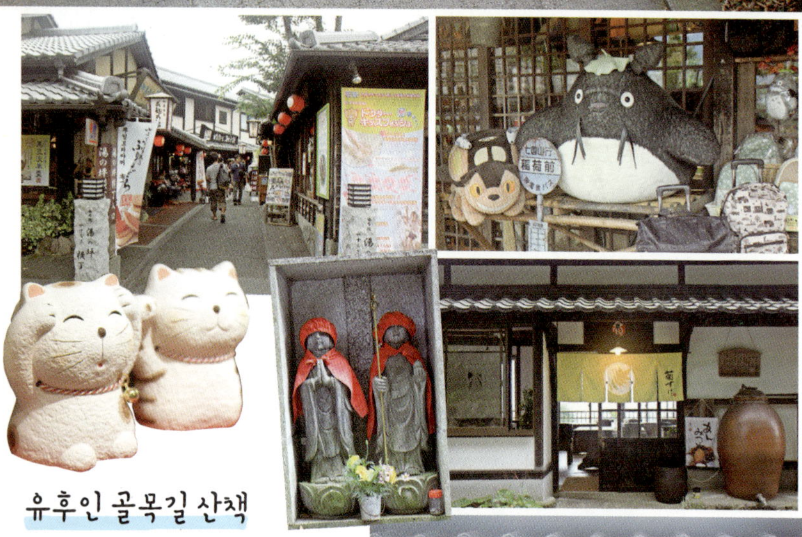

유후인 골목길 산책

유후인은 마을 전체가 하나의 테마파크처럼 아기자기한 볼거리이므로 굳이 무엇을 보려고 하기보다는 있는 그대로의 분위기를 즐기면 된다. 산책을 하다가 눈에 띄는 예쁜 가게와 미술관을 둘러보거나 멋진 카페에서 차 한 잔의 여유를 만끽하는 것이 바로 유후인 여행의 참맛이다.

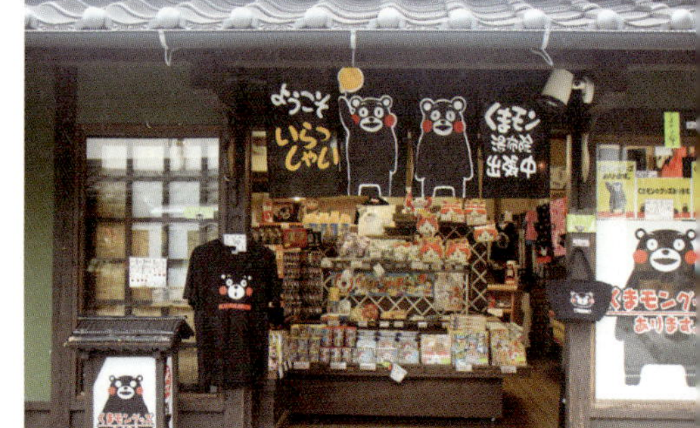

어떻게 둘러볼까?

유후인 쇼핑 거리 산책의 백미는 유후인역에서 긴린코로 이어지는 길이다. 에키마에도리(駅前通り), 유후미도리(由布見通り), 유노츠보카이도(湯の坪街道)를 차례대로 따라가면 되는데, 이 거리에 유후인의 인기 스폿들이 대부분 모여 있기 때문에 초행길이라도 별다른 어려움 없이 산책을 즐길 수 있다. 단, 대부분의 상점들이 오후 6시 이전에 문을 닫고 후쿠오카로 돌아가는 마지막 기차가 오후 7시 대에 있기 때문에 시간 배분을 잘 해야 하는데, 만일 시간 여유가 있다면 메인 스트리트에서 조금 벗어나 보자. 밝은 시냇물 옆으로 이어진 길을 띠리 가다 보면 한적한 온천 료칸이 나오기도 하고, 인기 소바 전문점 무라타 후쇼안 방면으로 산길을 따라 올라가다 보면 피톤치드 기득한 삼림욕을 즐길 수도 있다.

100년 전통을 자랑하는
전국 텐만구의 총본산

다자이후 당일 여행

후쿠오카 교외에 위치한 다자이후에는 중요한 유적지가
많아 일본의 고대 문화를 접할 수 있는 곳이다. 다자이후
시내에는 1,300년 전 규슈 전체를 관할하는 다자이후라
는 큰 관공서가 있었는데 무려 500년 동안이나 그 역할
을 했다고 한다. 그런 만큼 지금도 미즈키 유적(水城跡),
오노조 유적(大野城跡), 간제온지(観世音寺), 고묘젠지
(光明禅寺), 다자이후텐만구(太宰府天満宮) 등 수많은
사적이 남아 있다. 당일 여행으로 모든 명소를 둘러볼 수
는 없겠지만, 그중에서 다자이후텐만구와 고묘젠지는 역
에서 도보로 이동할 수 있어 꼭 한 번 가볼 만하다.

어떻게 갈까?

후쿠오카 근교의 고대 유적도시 다자이후로 가려면 사철인 니시테츠 전철을 이용하는 것이 가장 편리하다. 후쿠오카의 번화가인 덴진 중심부에 자리 잡은 니시테츠 후쿠오카역에서 다자이후행 급행열차를 이용하면 한 번에 다자이후역까지 갈 수 있다. 소요 시간은 약 30분. 단, 환승 없이 한 번에 가는 급행열차는 오전에만 운행을 하기 때문에, 오후에 여행 계획을 세웠다면 일단 후츠카이치역(二日市駅)까지 이동한 후 니시테츠 다자이후센으로 갈아타야 한다. 후츠카이치역에서 다자이후역까지는 1시간에 3대 정도 운행을 하며, 6, 7분 정도 걸린다.

① 다자이후 관련 교통 패스는 티켓 카운터에서 구입할 수 있다.
② 다자이후행 급행열차는 일반 전철과 크게 다르지 않다. 지정석도 없기 때문에 먼저 좋은 자리를 찾아 앉으면 된다.
③ 맨 앞칸에 타면 철길을 따라 시시각각 변하는 재미있는 풍경을 즐길 수 있다.

다자이후 여행, 어떤 교통패스가 좋을까?

다자이후는 역 주변에 주요 명소가 모여 있어, 천천히 다녀도 반나절이면 모두 둘러볼 수 있다. 그래서 보통 야나가와와 묶어서 여행하는 패턴으로 일정을 짜는데, 그럴 경우에는 니시테츠 후쿠오카역 – 다자이후역 – 야나가와역 왕복 승차권과 야나가와 가와쿠다리 승선권이 포함되어 있는 다자이후 야나가와 간코킷푸(太宰府柳川観光きっぷ, 2,930엔)를 구입하는 것이 유리하다. 단, 다자이후만 여행한다면 왕복 승차권과 우메가에모치 3개가 포함된 다자이후산사쿠킷푸(太宰府散策きっぷ, 1,000엔)를 구입하면 된다.

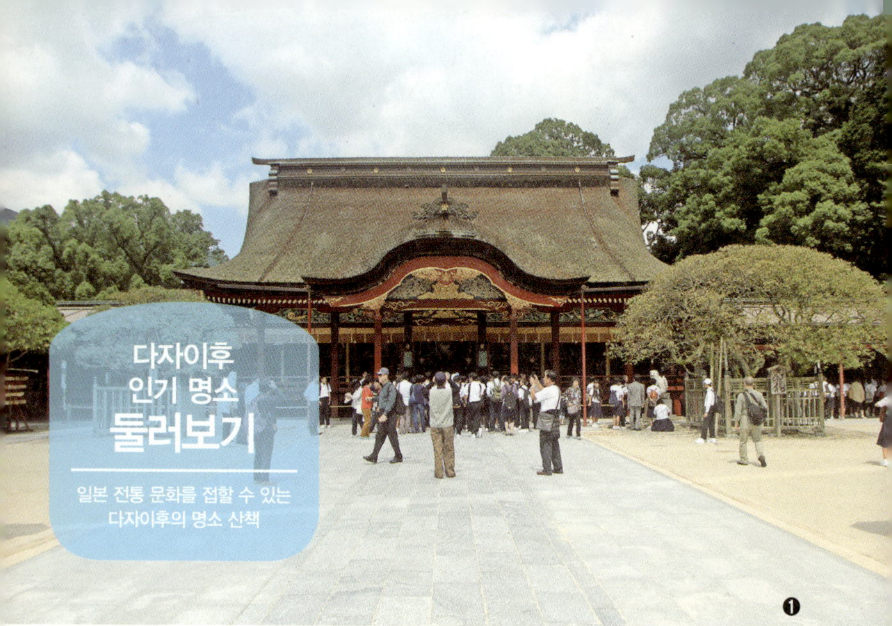

다자이후 인기 명소 둘러보기

일본 전통 문화를 접할 수 있는 다자이후의 명소 산책

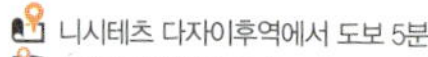

다자이후텐만구 太宰府天満宮

학문이 뛰어난 학자였던 스가와라 미치자네(菅原道真, 845~903)를 기리고자 세운 신사로, 1591년에 지어진 본전은 일본의 중요문화재로 지정되어 있다. 입구로 들어서면 울창한 매화나무와 신지이케(心字池)라는 연못이 제일 먼저 눈에 들어온다. 다자이후텐만구는 신사 중에서도 규모가 꽤 큰 편이라 건물 자체도 웅장하지만 무엇보다 신사 안에 있는 수령이 오래된 여러 그루의 매화나무가 인상적이다. 특히 이른 봄 6,000그루의 매화나무에 흰색과 붉은색의 매화꽃이 활짝 피면 신사 안은 꽃구경을 하러 온 참배객들로 붐빈다. 또 학문의 신을 모시는 신사의 본산답게 해마다 입시철에는 합격 기원 부적을 사려고 일본 전역에서 200만 명 이상의 인파가 몰려들기도 한다.

- 니시테츠 다자이후역에서 도보 5분
- 太宰府市宰府4-7-1
- 06:30~19:00(6/1~8/31 ~20:00, 12/31~1/3 24시간 개방)
- +8192-922-8225
- www.dazaifutenmangu.or.jp

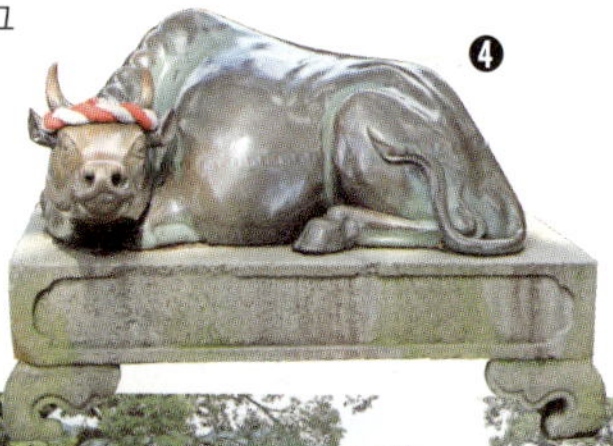

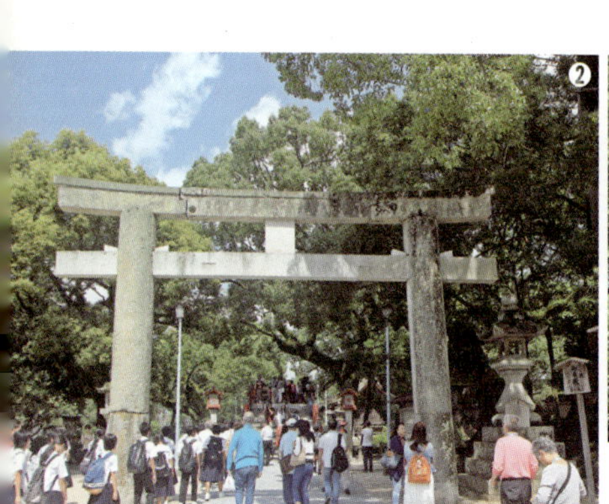

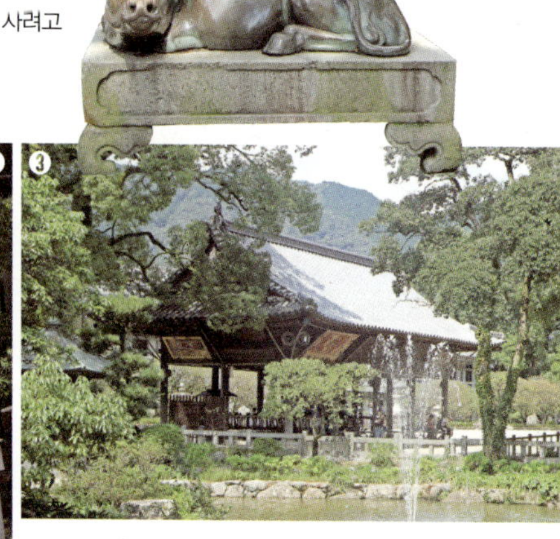

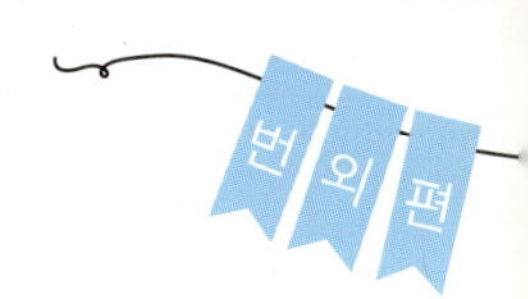

① 화려하고 웅장한 모모야마 시대의 건축 양식으로 만든 다자이후텐만구 본전, 혼덴(本殿)

② 산도를 따라 계속 걸어가면 왼쪽으로 보이는 세키조토리이(石造鳥居). 무로마치 시대(1336~1573) 초기의 작품으로 후쿠오카 현에서 가장 오래된 것이라고 한다.

③ 다리에 올라서면 바로 보이는 아름다운 연못, 신지이케(心字池)

④ 악한 기운을 쫓아내 주는 영험한 황소 동상 고신규(御神牛). 몸이 아픈 사람이 소 동상의 똑같은 부위를 쓰다듬으면 악한 기운이 빠져나가면서 병이 낫는다고 알려져 오가는 사람들이 만지는 바람에 반질반질 빛이 난다.

⑤ 신지이케 연못으로 이어지는 3개의 다리. 제일 앞에서부터 다이코바시, 히라바시, 다이코바시라고 하며, 각각 과거·현재·미래를 상징한다. 이는 불교 사상에 기인한 것으로 이 다리를 건넘으로써 속세의 죄를 씻어내고 심신을 맑게 한다는 의미가 담겨 있다.

⑥ 히와다부키(檜皮葺) 지붕과 선명한 자주색 기둥이 멋진 로몬(楼門)은 다자이후텐만구의 대표적인 볼거리이다. 본전 입구에 있으며, 바로 앞에는 스가와라 미치자네의 동상과 고신규가 있다. 비록 1919년에 재건된 것이지만 화려했던 옛날의 위용은 그대로 살아 있다.

고묘젠지 光明禅寺

1273년에 스가와라(菅原) 가문 출신의 승려 테츠규 엔신(鉄牛円心) 화상이 창건한 선종 사원으로 석남화와 단풍이 유명하다. 특히 규슈에서 유일하게 카레산스이(枯山水, 물을 사용하지 않고 돌과 모래로만 산수의 풍경을 표현한 정원) 양식의 정원으로 유명한 석정이 있어 단풍 시즌에는 수많은 여행객이 찾는다. 뒤뜰은 이끼로 육지를 흰 모래로 바다를 표현했으며, 앞뜰에는 돌을 배치해 '빛 광(光)'이라는 글자를 표현했다. 아름다운 이끼 정원 때문에 코케데라(苔寺)라는 별칭을 갖고 있다. 입장 요금은 200엔이다.

니시테츠 다자이후역에서 도보 8분
太宰府市宰府2-16-1
08:00~17:00
+8192-922-4053

다자이후의 **명물 간식**

다자이후 상점가를 산책하며
길거리 간식을 즐겨보자.

카사노야 かさの家

다자이후역에서 다자이후텐만구로 이어지는 상점가에 있는 다자이후에서 가장 인기 있는 맛집. 엄청난 판매량을 자랑하는 우메가에모치(梅ヶ枝餅)로 유명하다. 우리나라의 전병과 비슷한 우메가에모치는 찹쌀로 만들어 쫀득쫀득하고 안에 팥소가 들어 있어 달콤한 맛이 일품이다. 1개에 120엔으로 가격도 저렴해서 부담 없이 즐길 수 있다. 카사노야에서는 우메가에모치 외에 소바와 정식, 도시락 등도 판매하고 있는데, 관광지 식사 메뉴치고는 맛이 제법 괜찮은 편이다. 참고로, 니시테츠 전철에서 판매하는 다자이후산사쿠킷푸(太宰府散策きっぷ)를 구입하면 우메가에모치 3개를 무료로 맛보는 혜택을 누릴 수 있다.

니시테츠 다자이후역에서 도보 4분
太宰府市宰府2-7-24
10:00~17:30
+8192-922-1010
www.kasanoya.com

엄청난 속도로 우메가에모치를 구워내는 카사노야 장인의 손놀림

선물용으로도 인기가 높은 우메가에모치. 10개 한 상자에 1,200엔이다.

가게 내부에는 유명 인사들의 사인지가 빼곡하게 걸려 있다.

텐잔 본점 天山 本店

무시무시한 귀신 형상을 한 오니가와라모나카(鬼瓦最中)로 유명한 맛집. 모나카란 찹쌀가루로 얇게 구워낸 과자에 다양한 팥소 등을 넣어 만든 디저트인데, 텐잔에서는 과일, 아이스크림을 넣은 새로운 스타일을 선보여 인기를 끌고 있다. 가격은 기본 모나카가 220엔이고 안에 들어가는 내용물에 따라 조금씩 비싸진다. 입시철에는 먹기만 하면 시험에 붙는다는 합격 당고(合格だんご, 1개 150엔)의 판매량이 급격하게 늘어난다고 한다.

더운 여름철에 인기가 높은 오니가와라 아이스모나카(鬼瓦アイス最中, 300엔)

🚉 니시테츠 다자이후역에서 도보 3분
✉ 太宰府市宰府2-7-12
🕐 08:30~17:30
📞 +81120-10-3015
🏠 www.monaka-de.com

치쿠시안 본점 筑紫庵 本店

언뜻 동네 커피 전문점처럼 보이지만, 햄버거와 우리나라의 닭강정과 비슷한 튀김요리인 카라아게가 맛있는 숨은 맛집이다. 카라아게는 소스에 따라 모두 6종류가 있는데 그중에서 인기 넘버원 메뉴는 달달한 소스를 뿌린 치쿠시안 카라아게(筑紫庵のからあげ, 500엔). 우리나라의 닭강정과 비슷한 크기의 닭튀김이 7, 8개 정도 들어 있는데, 가벼운 간식거리로 그만이다. 바삭거리는 카라아게를 패티로 쓴 명물 다자이후 버거(大宰府バーガー, 500엔)도 맛있다.

🚉 니시테츠 다자이후역에서 도보 3분
✉ 太宰府市宰府3-2-2
🕐 11:00~18:00
📞 +8192-921-8781

치쿠시안 카라아게를 햄버거 패티로 사용한 다자이후 버거

달콤새콤한 소스가 인상적인 치쿠시안 카라아게. 한입 크기로 만들어서 산책하면서 먹기에 편하다.

야나가와 당일 여행

후쿠오카에서 전철로 1시간 이내에 갈 수 있는 수려한 물의 마을 야나가와. 우리에게는 다소 생소한 도시지만, 일본에서는 연간 여행객이 100만 명을 넘을 정도로 유명한 곳이다. 그 이유는 바로 마을 전체를 휘감고 도는 아름다운 수로를 따라 서정적인 풍경을 감상하며 유유자적한 기분을 느낄 수 있는 가와쿠다리(川下り, 배를 타고 돌아보는 관광)가 있기 때문이다. 특히, 〈러브레터〉의 나카야마 미호(中山美穂)와 〈쉘위댄스〉의 다케나카 나오토(竹中直人)가 함께 출연한 영화 〈도쿄 맑음〉에서 두 사람의 신혼 여행지로 영화의 줄거리를 풀어나가는 중요한 무대가 되기도 했다. 베네치아 같은 화려함은 찾아보기 어렵지만 왠지 마음을 편안하게 해주는 소박한 아름다움과 서정적인 정서를 흠뻑 머금고 있기에 야나가와로 가는 여행은 즐거운 소풍놀이임이 틀림없다.

어떻게 갈까?

후쿠오카 근교의 물의 도시 야나가와로 가려면 사철인 니시테츠 전철을 이용하는 것이 가장 편리하다. 후쿠오카의 번화가인 덴진 중심부에 자리 잡은 니시테츠 후쿠오카역에서 출발하는 니시테츠 오무타센 특급을 타면 약 50분 만에 니시테츠 야나가와역에 도착할 수 있다. 다자이후와 함께 여행을 하는 일정이라면 다자이후역에서 일단 후츠카이치역까지 이동한 다음 니시테츠 오무타센 특급을 이용하면 된다. 후츠카이치역에서 야나가와역까지는 30분 정도 소요된다.

① 후쿠오카에서 야나가와까지 50분 만에 갈 수 있는 니시테츠 오무타센 특급
② 열차 상단부에 현재 위치와 다음 역을 표시해주는 전자 안내판이 있으니, 잘 확인하도록 하자.

야나가와 여행, 어떤 교통패스가 좋을까?

하루 일정으로 야나가와만 둘러본다면 니시테츠 후쿠오카역 – 야나가와역 왕복 승차권, 가와쿠다리 승선권, 야나가와 명물 우나기세이로무시 식사권이 포함되어 있는 야나가와 도쿠모리킷푸(柳川特盛きっぷ, 5,150엔)을 구입하는 것이 좋다. 야나가와 여행을 할 때 무조건 일정에 넣어야 하는 가와쿠다리 체험과 우나기세이로무시 식사만 해도 5,100엔이 들기 때문에 왕복 승차권 요금이 고스란히 이득으로 남는 셈이다. 만일, 다자이후와 함께 여행을 한다면 다자이후 야나가와 간코킷푸(太宰府柳川観光きっぷ, 2,930엔)를 구입하면 된다.

야나가와 가와쿠다리 柳川川下り

야나가와의 풍경은 가와쿠다리를 경험해보지 않고서는 제대로 느낄 수 없다. 마을을 가로질러 흐르는 수로를 따라 정감 넘치는 나룻배, 돈코부네(ドンコ船)를 타고 유유자적 주변 경치를 감상하는 여행 코스로, 뱃사공 아저씨의 정감 어린 가이드에 귀 기울이다 보면 온갖 근심과 걱정이 사라진다. 일본어를 몰라도 전혀 상관없다. 멋진 자연 풍경과 뱃사공의 정겨운 노랫가락만으로도 충분히 야나가와의 정취를 느낄 수 있다. 배를 타는 시간은 70분 정도며, 수로를 따라 사계절 내내 활짝 피어 있는 꽃과 이색적인 분위기의 창고, 오하나의 나마코 벽 등 진풍경을 볼 수 있다. 단, 배를 타는 시간이 꽤 길어서 여름철에는 따가운 햇볕에 살이 타기 십상이므로 선크림이나 양산을 챙겨가는 것이 좋다. 겨울철에는 난로와 담요가 제공된다.

니시테츠 야나가와역에서 도보 15분
柳川市三橋町高畑329
09:00~17:00(시기에 따라 변동가능성 있음)
+81944-72-6177
www.yanagawakk.co.jp

① 엄청 낮은 다리 아래를 지날 때에는 배에 탄 모든 사람이 일제히 머리를 숙여야 한다.
② 코스 중간쯤 나오는 선상 편의점. 음료수, 커피, 차, 아이스크림, 차, 과자 등 다양한 간식거리를 판매한다.
③ 끊임없이 야나가와에 대한 재미있는 이야기를 해주는 돈코부네 뱃사공. 가끔씩 구성진 목소리로 노래도 불러준다.

TIP

승선장 찾아가기

가와쿠다리 승선권이 포함된 교통패스를 구입했다면, 야나가와역 앞에서 대기하고 있는 무료 셔틀버스를 이용해서 승선장까지 편하게 갈 수 있다. 단, 사람이 어느 정도 모여야 출발하기 때문에 기다리기 귀찮다면 동네 분위기도 느낄 겸 천천히 걸어가도 된다. 역에서 승선장까지는 15분 정도 걸린다.

① 가와쿠다리 승선장. 이곳에 와서 티켓을 구입해도 된다.
② 승선장까지 가는 무료 셔틀버스

승선하기

승선장에 도착하면 안내원에게 티켓을 보여주고 승선하면 된다. 배는 오전 9시 10분을 시작으로 매시 10분, 40분에 출발하고, 마지막 배는 오후 5시에 출발한다. 단, 10월부터 이듬해 2월까지는 일몰 시간을 기준으로 조금 일찍 마감을 하는 경우도 있으므로 늦은 시간에 방문하는 일정이라면 미리 연락해서 운행 여부를 확인하도록 하자.

① 한낮에는 햇볕이 엄청 따갑다. 선크림이나 양산을 준비하지 못했다면 100엔으로 모자를 빌릴 수 있다.
② 뱃사공이 배를 준비하면 차례대로 올라타면 된다.

하선 후 야나가와역으로 돌아오기

가와쿠다리는 편도만 운행하기 때문에 야나가와역으로 돌아올 때는 다른 교통수단을 이용해야 한다. 시간만 맞으면 하루에 3편(14:30, 15:30, 16:30) 운행하는 무료 셔틀버스를 타는 것이 가장 편하지만, 하선 후에 주변 명소를 둘러보거나 맛집에 들러 식사를 하는 등 다른 일정이 있다면 시간을 맞추기가 어려울 수 있다. 그럴 때는 오하나(御花) 정문 앞에서 택시를 타는 것이 좋다. 야나가와역까지의 요금은 1,200엔 정도. 노선버스는 1시간에 1대밖에 다니지 않기 때문에 미리 버스시각표를 확인해야 기다리지 않는다.

오하나 御花

야나가와의 번주였던 다치바나(立花藩) 가문이 1697년에 세운 저택으로, 당시 이 지역의 이름이 하나바타케(花畠)였던 것에서 오하나라는 이름이 지어졌다고 한다. 약 23,140㎡에 달하는 넓은 공간에 역대 번주들의 생활상을 엿볼 수 있는 각종 유물이 전시되어 있다. 오하나의 주요 볼거리로는 국가 명승지로 지정될 만큼 아름다운 정원 쇼토엔(松濤園)과 세이요칸(西洋館), 오하나 자료관(御花史料館) 등이 있다. 입장료는 500엔이다.

가와쿠다리 하선장에서 도보 3분
柳川市新外町1
09:00~18:00
+81944-73-2189
www.ohana.co.jp

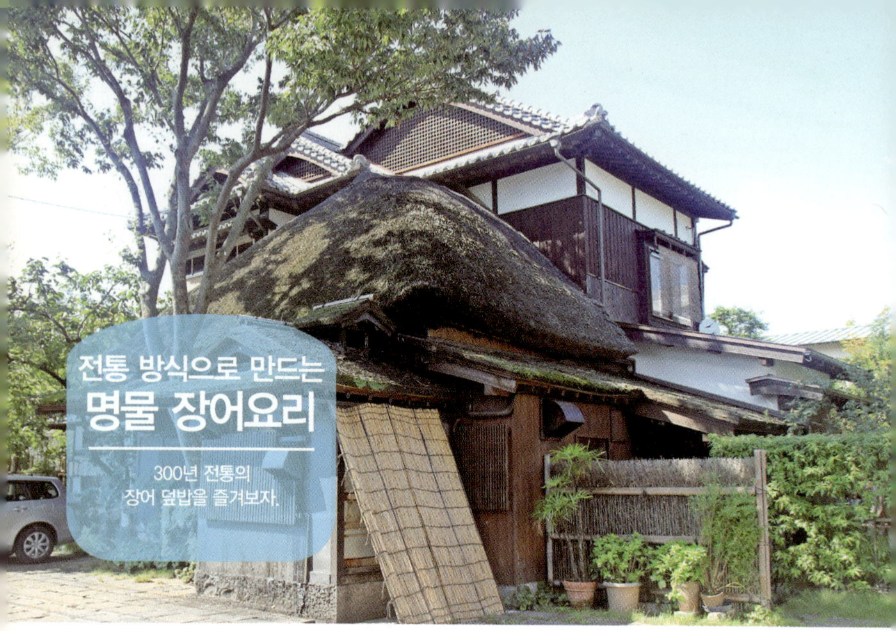

전통 방식으로 만드는 명물 장어요리

300년 전통의
장어 덮밥을 즐겨보자.

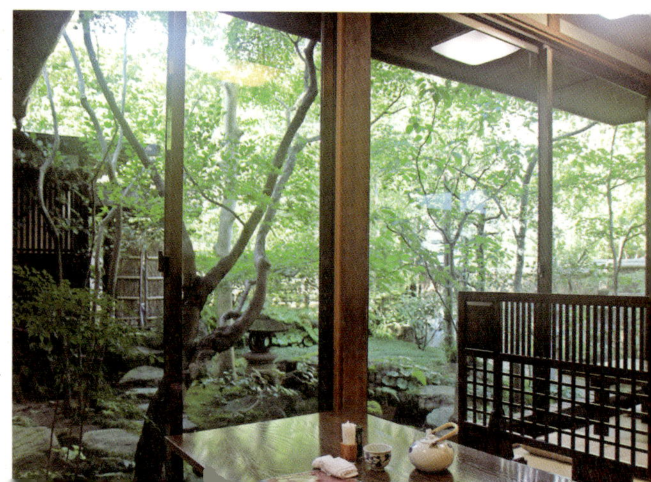

원조 모토요시야 본점 元祖本吉屋 本店

규슈 사람들에게 야나가와가 어떤 곳이냐고 물어보면 열에 아홉은 가와쿠다리 뱃놀이와 장어구이의 마을이라고 대답한다. 야나가와의 장어구이가 유명한 이유는 무려 300년이라는 전통을 자랑하는 세이로무시(せいろ蒸し) 비법으로 만들기 때문인데, 이 독특한 장어 요리법을 창안하고 300년 동안 지켜온 전통 음식점이 바로 이곳, 모토요시야다. 매콤한 소스가 밴 밥과 향기로운 숯불 장어구이, 그 위에 계란을 살짝 덮고 증기에 푹 찌면 야나가와의 명물 우나기 세이로무시(3,500엔)가 탄생하는데, 기존에 먹었던 장어덮밥과는 차원이 다른 맛의 신세계를 볼 수 있다. 가와쿠다리 하선장에도 지점이 있으므로 뱃놀이를 즐긴 후에 먹으러 가는 것도 좋은 방법.

내부에 작은 정원이 있어 눈으로 풍경을 즐기며 식사를 할 수 있다.

니시테츠 야나가와역에서 교마치도리(京町通
リ)를 따라 도보 15분

柳川市旭町69

10:30~21:00(둘째, 넷째 월요일 휴무)

+81944-72-6155

① 모토요시야의 대표 메뉴인 세이로무시

② 세이로무시와 함께 나오는 스이모노(장어 내장을 끓여낸 맑은
국). 기름기가 거의 없는 깔끔한 맛이다.

③ 실림 빈찬으로 오이와 무, 단무지가 나오는데, 사각거리는 식감
과 깔끔한 맛은 있지만 딱히 맛있지는 않다.

후쿠오카 MAP

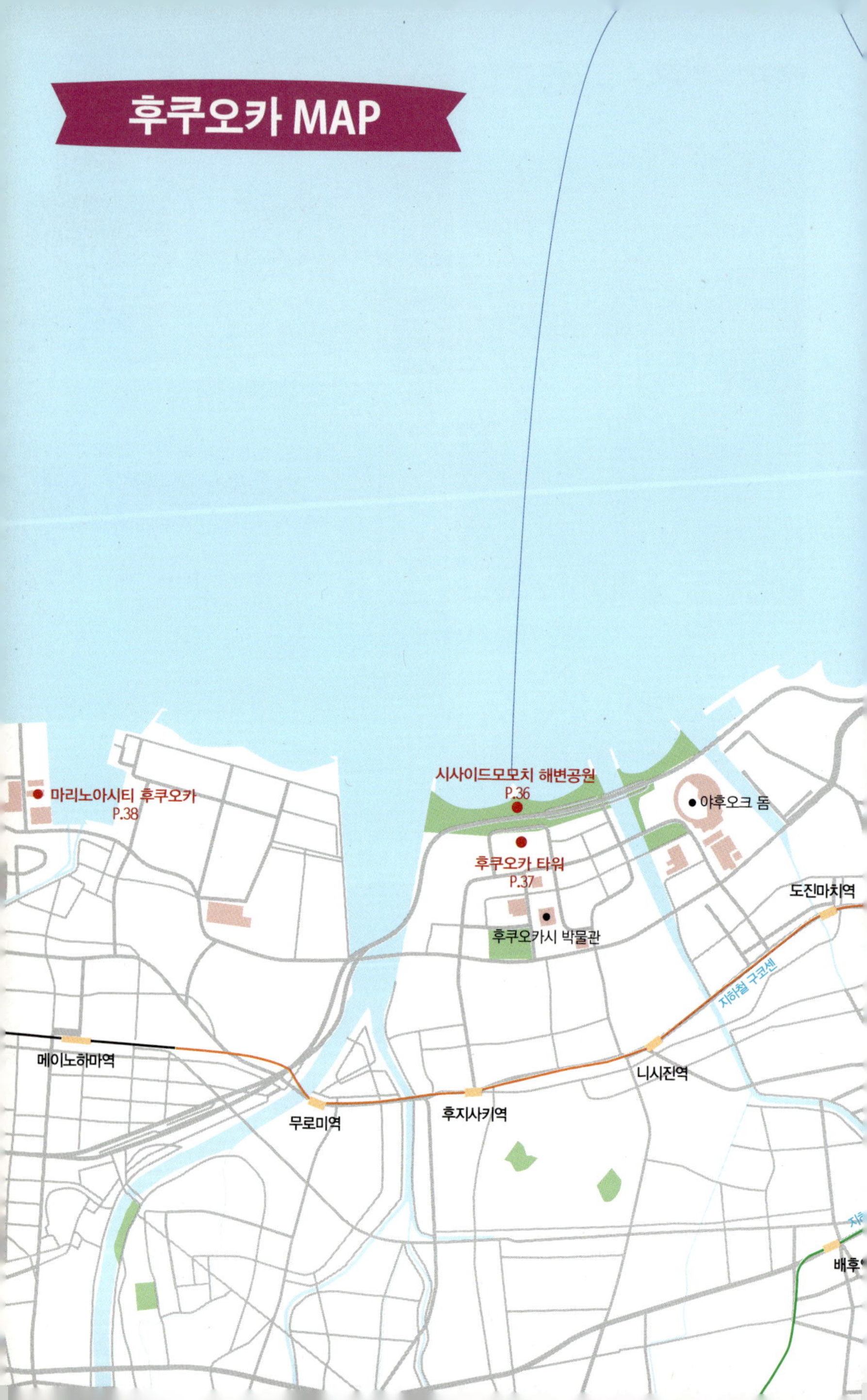

마리노아시티 후쿠오카
P.38
시사이드모모치 해변공원
P.36
야후오크 돔
후쿠오카 타워
P.37
후쿠오카시 박물관
도진마치역
지하철 구코센
메이노하마역
무로미역
후지사키역
니시진역
배후

가이즈카역
JR 가고시마혼센
하코자키 큐다이마에역
하코자키미야마에역
마이다시 큐다이뵤인마에역
히가시코엔
산요신칸센
하카타항 국제여객터미널
치요켄초구치역
고후쿠마치역
타츠미즈시 총본점 P.60
오키요 식당 P 76
나카스 카와바타역
기온역
나카스
구시다진자 P.18
덴진역
덴진주오코엔 P.34
오호리코엔역
야타이 거리 P.44
캐널시티 하카타 P.20
JR 하카타역
덴진
니시테츠 후쿠오카역
아카사카역
덴진미나미역
다이묘
마이즈루코엔
야마나카 스시 본점 P.58
스미요시진자 P.48
후쿠오카공항
이마이즈미
와타나베도리역
야쿠인역
야쿠인오도리역
사쿠라자카역
롯폰마츠역
니시테츠 히라오역
미나미코엔
다자이후, 야나가와
니시테츠 다카미야역

아루아루City

B1F 

아이돌, 애니메이션 디자인된 노래방을 이용할시

1시간 100엔 할인

有効期限無

B1F 

무선 조종 자동차 레이스 이용할시
500엔 ⇒300엔

200엔 할인

有効期限無

1F 

이용요금

100엔 할인권

有効期限無

2F 

인형뽑기 1번 무료

有効期限3ヶ月毎

4F 

인형뽑기 1번 무료

有効期限無

5F・6F 

QR코드를 스캔해서 웰컴카드를 안내원에게 보여주세요.

새로운 이벤트가 한가득, 이벤트 정보와 게스트 정보는 홈페이지를 체크해주세요!!

영업시간 **11:00** 연중휴무 年中無休

TEL. 093-512-9566 (운영실)

후쿠오카켄 키타큐슈시 코쿠라 키타쿠 아사노 2-14-5

 아루아루City  search 

 aruarucity0427　 @aruarucity　 @aruarucity2

애니메이션, 만화, 아이돌, 피규어, 코스프레, 개그등 당신이 원하는게 여기에 있습니다.

아루아루 City

일본 최대규모 팝컬쳐 상업시설

키타큐슈를 팝컬쳐의 성지로!!

Q 아루아루City는 어떤곳?
애니메이션, 만화, 피규어, 게임, 아이돌,개그가 모여진 엔터테이먼트 빌딩

Q 아루아루City는 어디에있지?
JR [고쿠라역] 신칸선 개찰구로부터 오른쪽 방향 도보2분

Q 아루아루City 에서는 뭘하지?
연간 500을 넘는 이벤트 개최!!

Aruaru CitY Tenant

●あるあるＹＹ劇場　●北九州市漫画ミュージアム　●スマイルステーション　●スーボジ あるあるcity小倉店　●まんだらけ　●アニメイト　●カードラボ　●ゲーマーズ
●メロンブックス　●らしんばん　●ローソンあるあるCity店　●マチ★アソビカフェ　●ジャングル　●軸中心派　●G-stage　●ロボットロボット　●AMPnet小倉店
●ファイヤーボール　●あるあるCityサテライトスタジオ　●Pearllady小倉店　●京たこ　●メディアカフェポパイ　●アメリカンゴルフスクール小倉校
●アパマンショップ小倉駅新幹線口店　●サイゼリヤ　●あるあるCityB1Fスタジオ　●SoundBoogie　●コロッケクラブ　●Hunaudieres

3데이즈 *in* **후쿠오카**

초판 1쇄 2015년 10월 30일
초판 4쇄 2017년 8월 4일

발행인 양원석
본부장 김순미
편집장 고현진
취재·편집 고현진
디자인 RHK 디자인팀 이경민
해외저작권 황지현
제작 문태일
영업마케팅 최창규, 김용환, 이영인, 정주호, 양정길, 이선미, 이규진, 김보영, 임도진

펴낸 곳 (주)알에이치코리아
주소 서울시 금천구 가산디지털2로 53 한라시그마밸리 20층
편집 문의 02-6443-8891 **구입 문의** 02-6443-8838
홈페이지 http://rhk.co.kr
등록 2004년 1월 15일 제 2-3726호

ⓒ 2015 알에이치코리아

ISBN 978-89-255-5774-8(13980)